種子《たね》は万人のもの

在来作物を受け継ぐ人々

MASUDA Shoko
増田昭子

農文協

はじめに

全国の農家を訪ね歩いて、粟や稗などさまざまな雑穀の穂を見本市のようにぞっくり取り揃えて見せてもらったときほどうれしいことはない。そういう旅をして四〇年ほどになる。徳島県の東祖谷にあるその農家の庭先には一穂、二穂の穂があった。その家の西岡フクエさんに声をかけると、快く応じて納屋から種子用に保管しておいた穂を持ってきて見せてくれた。日本で昔から栽培されてきた雑穀が全部あり、「これはヤマビエだよ」ととても野性的な稗の穂まで見せてくれた。そういう農家はここに限らず、沖縄県の八重山地方をはじめ、熊本県、高知県、山梨県、東京都、福島県、岩手県などでも同じで、全国どこの農家も種子用に保存した作物を惜しげもなく、見せてくれる。同時に、自分の作った作物を見せてくれるとき、とても誇らしげである。その年の作物の様子や次年度に作る作物のことを頭で描き、話してくれるのである。そこに農家の人たちの作物とともに生きる姿が見出されて、このうえなく作物を作る楽しさが伝わってくる。

在来作物の種子は、こんなふうに豊かな暮らしのなかで受け継がれ、守られてきた。種子は健在である。

本書では、在来作物の種子を営々と受け継いできた農家の人たちの種子への愛着と誇りと技術、いわば、種子にたいする感性と思想のすべて、「種子観」ともいうべき種子の価値観を明らかにしたい。生産を目的として農業をする人たちの「種子観」に重きをおいた研究は少ないと思うからである。

増田昭子

二〇一三年二月

目次

カバーデザイン・石原雅彦

第一部

種子《たね》をめぐる旅

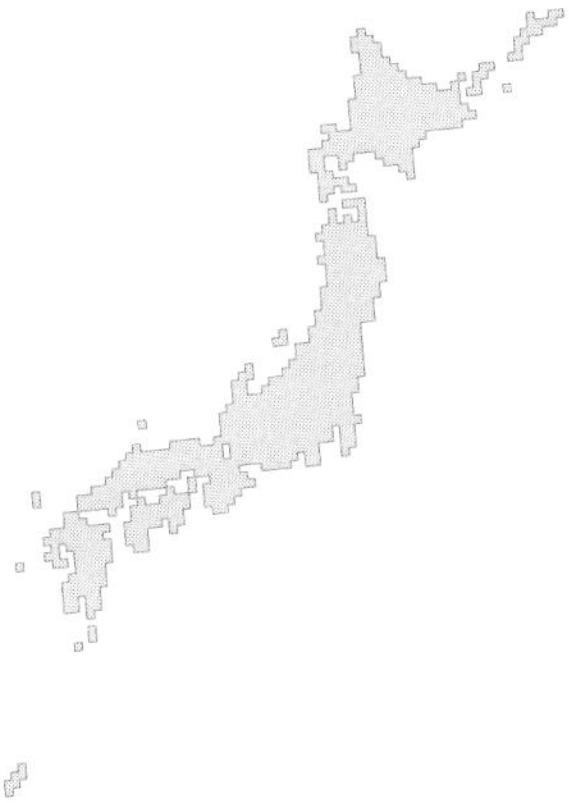

第一章　種子の作法

種子をもらう作法

在来作物の種子《たね》を求めて旅に出た最初の島は、日本の最南端の波照間島《はてるまじま》である。

ここには何度も訪れてソテツの食べ方を聞いたり、実際に作ってもらって食べたりしたので、知り合いも多い。そのうちの一人が浦仲孝子さんである。私は注目していたマメ類の種子のことを思い出し、「クマミ（小豆＝緑豆）の種子がほしい」と孝子さんに無心した。「あー、いいよ。こっちにおいで」といって、倉庫にいって、クマミやウズラマメ、ハーマミ（赤豆＝黒い小豆）を少しずつもらった。さっさとマメ類をカバンにしまおうとしたら、孝子さんからの声が聞こえてきた。「あんたー。種子をただでもらうもんじゃないよ。一〇〇円でもいいから、おいていきな」。続けて孝子さんがいうには「種子をね、ただでもらって作ると〝実がよくできない〟とか〝豊作にならない〟とかいうよ。だから、一〇〇円でいいから、おいていきな」。種子を譲ってくれた孝子さんも、譲ってもらった私も種子を仲立ちにしてその日は別れた。

種子の作法を教えた浦仲孝子夫妻（沖縄県竹富町波照間）

翌日は石垣市宮良《みやら》で、昔から私に農業や食のことを教えてくれた小濱勝義さんの畑で、収穫したモロコシの脱穀と精白をする、いわば農業体験の日であった。八重山食文化研究会の会員を中心に一〇人ほどが参加した。小濱さんのほかに、植物に詳しい前津栄信さんや農業をしている米盛三千弘さんも参加して、八重山の農業の手ほどきをしてもらったのである。子連れの若い女性も参加していた。この日も地元の女性たちが手づくりの蒸し菓子を持参して、話にも食欲にも花が咲いた。さて、前日の波照間島での種子を取り出し、浦仲孝子さんに教えられた話をすると、小濱さんも前津さんも米盛さんも「そうだよ、ただでもらった種子を播いても、よくできないというのだよ」と口をそろえていう。
島も集落も違うのに、同じ「種子の教え」が存在するのである。ものをもらうとは、くれる人の心があるのだから、自分も同じ心で対するのだよ、ということなのだろう。もちろん、この日、波照間島のマメ類の種をほんの少しずつみんなで分け、一〇〇円ずつもらった。これが八重山の種子をもらう作法である。

「ただでもらった種子は芽が出ない」とか「ただでもらった種子は実らない」という種子の作法は八重山の特有のものと思っていたら、そうではなかった。

「ただでもらった種子は実がならない」の広がり

東京都昭島市中神の宮岡和紀さんは、種子を分けてもらって、「後で何か礼をするから」というと、相手は「いらねぇ、いらねぇ」というが、種子をもらった人は「ただでもらうと芽がでねぇっていうからよ」という言葉が返ってきていたという。「今は、もらいっぱなしが多いが、それではだめだ。種子のやり取りは人間関係の証《あかし》だから」と語る。

熊本県五木村でも同様である。種子をもらって何か返すねぇ、というと、「いいから、いいから」とくれた人はいうけれど、もらった人は「種子ものだから、ただでもらうと実がならないから」と、少しでも何か返したという話を、五木村頭地《とうぢ》に住む山村池子さんは、祖母や母から聞いているという。

東京の宮岡和紀さんも熊本の山村池子さんも、私から八重山の種子をもらう作法を聞いているわけではないし、八重山に行ったこともないのだが、このように遠隔地でもまったく同じ話を伝えているということはどういうことであろうか。種子をもらうという行為は、命を育み、暮らしを支える基になるものだから、「ただでもらう」などということをせず、譲ってくれた人の気持ちを決しておろそかにできないものだという共通の思いが農業する人々の心のなかに根づいていた心持ちなのであろう。

いずれにしても、八重山、熊本、東京という遠い地域の人たちが同じことを伝承しているということは、この地域以外の地にも同じ伝承が存在する可能性がある。あらためて、農家の人たちの種子への心遣いがあると思う。

それは「種子観」ともいうべきものであろう。

「種子は戻ってくる」

山梨県上野原市西原《さいはら》の中川智家では雑穀やイモ類、マメ類、野菜類の種子を自家採種している。とくに、雑穀の種類の多さは全国でも有数のものであり、毎年栽培している。中川さんに種子のことをうかがうと「種子はよその家に分けておくもんだ。分けておけば、種子が戻ってくると親父から聞いている」という。

中川家は十数年前に火事になり、なにも持ち出すことができなかったが、雑穀の種子だけが持ち出せた。しかし、全部の種類の種子を持ち出せたわけでない。中川家が火事になったと聞いて、古い知人が「昔、中川さんからもらっておいた種子だよ」と持ってきてくれたという。近所の人も雑穀の種子を持ってきてくれて、現在の数多くの種子がある。

中川家の雑穀の種子は、神棚の周り、玄関の梁《はり》、物置の二階の三ケ所に保管されている。

今、中川智さんは雑穀といわず、イモ類といわず、マメ類といわず、「種子ならなんでも持ってこい、播いといてやるから」と、一昔前の作物を復活させている。麦類は禾《のぎ》があるから作業が大変なので作りたくないといっていたが、平成二十年（二〇〇八）に小麦を作ったし、糯種《もち》の陸稲《おかぼ》も作った。平成二十一年の冬作には大麦も播いた。平成二十二年の種子播きを目指して「粳の陸稲の種子がないかね。探してきて」と意欲的である。ただ、陸稲は畑作の多い多摩地方ではよく栽培された作物で、糯種は遅くまで栽培されていたが、粳種は早くに栽培されなくなったので、種子の入手はなかなか困難である。

「もらった種子は倍返し」

奥会津の只見町坂田の飯塚孝子さんは「種子をもらったら倍返し」するのだという。昔からそんなふうに言い伝えられてきたのである。

「種子をもらったら倍返しをする」のは、会津だけではない。東京都奥多摩町小丹波の平原和子さんも同じことをいう。また、広島県農業ジーンバンクでは、在来作物の種子を保存して、希望者に分けてあげる方式をとっているが、種子をもらった人は栽培したことを報告し、種子を返していくことを原則としている。熊本県の五木村の尾方茂さんも、必ずしも「倍返し」ではないが、種子をもらったら何かしらお礼をした、もらいっぱなしにしないで、種子を返すことが多かった、という。

熊本県五木村では、同じ種子を自家採種し続けると劣化するので、畑が隣り合った者同士でキュウリなどの野菜の種子を交換し合った。

広島県農業ジーンバンクの種子貸付制度

広島県農業ジーンバンクは収集、栽培されなくなった農産物の遺伝資源一万六〇〇〇点を復活させる事業を船越建明さんを中心に開始した。事業の一環に「種子の貸出し事業（遺伝資源活用事業）」がある。事業の特徴は①配布目的は試験研究素材や地域特産物の開発②配布の費用が無料③配布の義務は試験研究・地域特産物の育成開発の報告と配布された同量以上の種子をジーンバンクに返却すること、の三点で、民間の「種子は倍返し」と同じ発想である。国のジーンバンクは試験研究用に限られ、一点五七〇〇円の代金が必要である。広島県のジーンバンクで特筆すべきことは、「遺伝資源を当該地域の開発の資源として地域の農家に直接返している」点で、国のジーンバンクにはない視点がある。「地方品種を栽培している圃場では、遺伝資源は一方向にのみ流れるものであり、その遺伝資源が戻ってくるときは近代育種の過程を経た多様性を失った改良品種としてであった（中略）。このような条件下では、遺伝資源は農家の圃場を離れてジーンバンクの研究者の手に渡ることによって地域からは流出することとなった」（西川芳昭『作物遺伝資源の農民参加型管理』農文協）。このような地域の遺伝資源が地域を離れ、改良されていくことをくい止め、地域の遺伝資源を地域に戻す作業を地域の農民と協業しているのが広島県農業ジーンバンクである。この両者の協業により、研究機関や研究者のみならず、地域の遺伝資源を護ってきた人たちにも遺伝資源や情報、利益などが還流していくのである。

こうした種子の貸付制度については後述するが、日本の古代・中世から存在していたと推測される。また、近世ではそれが制度として大きな役割を果たしていたし、近代においても、村の物持ちの家では災害や飢饉、病気等々の状況において困窮する家に種子を貸し出していた話を聞くことができる。

九五歳の八十八さんの仕事

奈良八十八さんは大正六年（一九一七）生まれで、今年（平成二十五年）で九五歳である。上野原市西原生まれの奈良八十八さんは精米の仕事を「七、八〇年やってきた。精米の仕事を始めたころは、木と石の道具でやっていた。これが今は鉄で作った機械だ。西原は田んぼがなくて米がとれないから、麦や粟《あわ》などが中心だった。朝飯は麦が中心で、オバクだった。オバクは丸麦に野菜を入れた飯だ。米など入っていなかった。ほかには粟と稗《ひえ》だった。麦は冬作で、天候に左右されず、七割、八割、九割はとれた。それが粟や稗は夏作だから天候に左右されて、いつも七割も八割もとれるとは限らなかった。昔の精米は雑穀だった。今は西原の中川さんの粟や黍《きび》などを特別に精米している。ほかの人の分はやっていない。昔の機械は古物商に売ってしまった。今は小型の機械だが、昔は精米機も製粉機も大型だった」といい、工場には大型機械の一部が設《しつら》えてある。西原の隣の棡原《ゆずりはら》地区で栽培されている粟や黍などの雑穀の精穀は農協で行なっているという。

五穀の種子配り

八重山食文化研究会の第一回シンポジウムは平成二十二年二月二十七日に開催した。本来は前年の九月に予定したのであるが、新型インフルエンザの流行のため、延期したのである。テーマは「フィールドミュージアム　農と食の文化」であった。シンポジウムの最後に、「五穀の種子配り」と称して在来の作物の種子を用意して配布した。正確にはただで配ったわけではない。一袋につき一〇〇円を活動基金として募金してもらった。これは「種子をもらう作法」

に見習ったものである。「種子はただでもらうもんじゃない」という戒めを、会う人ごとに聞くと「播いても芽が出ない」「実がならない」という答えが返ってくる。「よく実らない」「豊作にならない」という作物の出来不出来をいったものが、次第に過激になり、「実がならない」どころか「芽が出ない」という状況説明にまで及んだのである。

それはともかく、この「五穀の種子配り」は好評で、多くの方が種子をもらい、基金に参加してくれた。種子は、石垣の小麦、宮良の粟とウフムン（モロコシ）、波照間のモチキビの四種類であった。このなかでとくに人気があって、期待されたのが小麦であった。モチキビや粟は波照間島、石垣島の白保、竹富島などでも多く栽培されているが、小麦の栽培は少ないのが現状である。ただ、栽培されていないわけではなく、栽培している人と出会っていないだけである。石垣市内の公設市場にある乾物屋さんでは、石垣産の小麦粉を売っている。生産者に会いたいと思い、店の人に連絡してもらったが、忙しいからと断られ、会うことができなかった。

このシンポジウムの会場は大浜信泉記念館ホールであった。そのホールの前の広いスペースで、ミニ展示を行なった。雑穀（五穀）、マメ類、イモ類などのポスターや新聞記事などのほかに、雑穀とマメ類の種子の展示をした。全国からもらい集めた種子を透明な小袋に入れ、産地を記したもので、八重山を中心に全国の種子を見てもらった。おおよそ五〇種類くらいあったであろうか。小袋といえども種類が多くあったためか、注目を浴びた。

このシンポジウムの翌日、参加者である石垣市のIさんから連絡があり、ミニ展示にあった青豆がほしいとのことであった。この青豆は福島県の奥会津で栽培された濃い緑の大豆で、八重山食文化研究会の小浜勝義さんからも分けてほしいとの連絡があった大豆である。Iさんと会い、奥会津の青豆をあげて、沖縄の大豆二種類と伊江島の小麦の種子をもらった。種子の交換である。

種子をめぐる恩

もらった沖縄の大豆は、私が初めて見る小粒な種子であった。これは八重山で有名な「小浜ダイズ」に似ている。Iさんはこの二種類の大豆を那覇に住むOさんから一〇粒ずつもらったという。それを何年もかけて増やしたものの一部が私の手元にある。それも二種類の大豆それぞれが五〇粒以上もある。一種類の大豆は「青ヒグー」といい、もう一種類は「高アンダー」という名前だという。「青ヒグー」の意味はIさんも知らないらしく、一方の「高アンダー」は名前の如く、脂肪分の高い大豆で、この名がある。

この二種類の種子を、石垣島のある人に栽培してもらおうと思って、そのことをIさんに告げ、貴重な大豆の種子の栽培許可を得ようとしたら、「この種子をもらったのがOさんだということを伝えてほしい。〝もらった人の恩があるから〟」とIさんはいうのである。現在の日本だけでなく、世界では、あるいは私の周りの人たちの間では、種子をめぐってさまざまな動きが起こっている。日本では「地域おこし」として、世界では大資本による「種子の独占」「種子の支配」としてさまざまな規制をかけて種子を囲い込み、独占しようとしている。いわば、「金もうけ」の手段に種子が使われているのである。そういう世の中が当たり前のように通用している一方で、「種子をくれた人の恩」を忘れないで、というメッセージを発している人もいるのである。

「高アンダー」と「青ヒグー」は、筆者と種子交換をした兵庫県の土井孝浩さんが平成二十四年（二〇一二）に兵庫県で栽培し、種子継ぎができる程度の収穫を得た。それで土井孝浩さんは、この二種類の大豆を筆者と八重山の五穀農園の知り合いである當山善堂さんと島仲文江さんに返した。種子を継いでもらうためである。いわば、「種子の里帰り」をさせたのである。土井孝浩さんは沖縄の大豆だけでなく、筆者と種子交換した福島県只見町のケンジ茄子も栽培して、種子を採り、里帰りさせている。

盗人《ぬすっと》横行

八重山で聞くことが多くなったのは、苗や植木、はては作物の盗難である。

Iさんに初めて会ったとき、「Iさんの農園を見学したいのですが」とお願いしたら、思いがけない言葉が返ってきた。「それは駄目です」というのである。農園や畑を見たいというと、どの地域の人も喜んで見せてくださるのだが。「いや、植えているものが盗られてしまうんですよ。僕の畑は自然に生えたような状態になっているので、その辺の野原や山に生えているのと同じだと思っているのか、盗っていってしまうんですよ。根こそぎ持っていってしまうんですよ。それも一度ではないんです。それで増田さんがよくとも、どんな人を連れてくるかわからないから畑に来てもらうのを断ったんです」「だから、作っているところと、種子をとるところは秘密なんです」。

盗られてしまった話はIさんだけではない。崎原毅さんも何度も盗られた経験があるという。畑にも家の屋上にも作物を作っている。「畑を案内すると畑のものを持って行ってしまうし、一度は屋上に植えていたものを持って行ってしまう。知り合いですよ、その人は」という状態である。

石垣市街の後背地で農場を営む田福敬子さんの場合は、道路に面した屋敷地に直売所をもっている。ここに野菜や果物を置いて代価を缶などに入れてもらうやり方で販売している。ところがここで販売しているキャベツの代価を払わずに持っていく人がいた。その人は石垣市の有名なリゾート高級マンションの住人であった。販売所の近くで畑仕事をしている農家の人には誰が来て、持って行ったのかはよくわかるのである。

次はアジア・太平洋戦争後に石垣島に移住し、長い間苦労して開拓した村のあるじいちゃんの話である。やはり直売所で自分で作った野菜を売っている。野菜を買いにきた人がいたと思ってたら、販売所の野菜はなくなっているが、代金が入っていない、あるいは〝チャリン〟と音がするので、代金を払ってくれたのだな、と思って缶を開けてみると、一円だった。音だけさせて、あたかも代金を支払ったかのように思わせる手口である。このじいちゃんは、悔しいからと、人が直売所に近づいてくると、小屋の後ろに隠れ、誰がきてどんな野菜を持っていき、代金を払ったかどうかしっかりと見届けるのだそうである。

米盛三千弘さんの場合は少し違うのだが、人の丹精込めた作りものを取る、あるいはほしがるということでは同じである。米盛家は石垣島北部で農業を営んでいるが、近辺の植物にもくわしい。それ以上にさまざまな植物を育て、花を咲かせ、人々に観賞してもらっている。米盛さんが家を留守にしたある日のこと。家には娘さんがいた。父親の三千弘さんの知り合いだという人が訪ねてきて、庭に咲いているある花の鉢植えがほしいという。盛りに咲いている花の鉢で、三千弘さんが手をかけて育て、大切にしていたものであった。「どうしてもほしいから自分がもらって行くから、と三千弘さんに携帯電話をかけてほしい」という。娘さんは「お父さんが大切にしている鉢植えだから、あげないと思う。だから携帯電話をかけることはできない」と断っても、「自分は三千弘さんととても親しい友人だから大丈夫」と強引に持ち帰ろうとしたらしい。結局、この人はあきらめて持ち帰ることは断念したが、地域で珍重されている植物や花も持ち帰ってしまう人が多くいる。水辺で咲く花を自分の庭に持っていってもすぐに枯れてしまうのは当たり前のことであるのだが、その「当たり前」がわからない人が多い。あるいは「当たり前」がわかっていても自分の家に取り込んでしまう人が多い。「その場で楽しむ」という気持ちがもてず、自分の家に持っていって「囲い込んで楽しむ」風潮が絶えない。独占欲なのだろうか。盛りと咲く花の美しさもあるが、苗などを小さいときから育てるのは格別な楽しみがあるのだが、結果として咲き誇る花だけに気が向くのでなく、育つ過程の楽しみはそれぞれの人のなかに忘れられないものを与えてくれるものがある。

種子は神のため・人のため・鳥のために

種子には神の存在がかかわっているのではないか、と思ったのは昭和五十年代の初期であった。そのころに私の雑穀の旅が始まったのだが、その手ほどきをしてくれた人が小田海栄さんである。東京都檜原村の貧しい家に明治三十一年（一八九八）に生まれ、小学校に行ったことがなかったのか、文盲であった。しかし、この人の民俗的な知識は驚くほど豊かだった。ことに百姓仕事や山仕事の知識は豊富で、村人たちは小田海栄さんを「百姓の神様」と呼んで、農業については一目置いていた。一度、こんなことがあった。この地域は斜面畑が多い所で平地はほとんどない。山の斜面を利用した畑についていたとき、その畑の傾斜角度が話題になり、私は不得手な数学の知識を思い出し、サイン・コサインで割り出し、小田海栄さんも割り出したが、小田さんのほうが早かったのである。小田海栄さんの傾斜角度の割り出し方をそのとき話してもらったのだが、理解できなかった。実作業に基づく数学的知識が学校教育と無縁であることを感じたのはそのときである。柳田国男が伝承という地域の人たちが伝える知識や技術、いわば生活習慣のなかには庶民の真の歴史・文化があるのだ、として民俗学を創始したその意味に、文盲であった小田海栄さんを通して触れたのだと思った。

さて、その小田海栄さんの種子播《ま》きの話である。雑穀のことなら何でも知りたい私のために、当時栽培されていなかった雑穀を、わざわざ畑に種子を播き、食べるまでの一連のことを教えてくれた。急傾斜の畑に立ち、鍬《くわ》をふるい、種子を播くとき、つぶやいた小田海栄さんの言葉はこうであった。「種子は三っ粒、播けばよい。親指と人差し指と中指で、種子をひねるようにして、土に落としていく。一っ粒は神様の種子、一っ粒は人のため、最後の一っ粒は鳥のために播くと昔の人はいったもんだ」。三っ粒の播いた種子は、神の所有物になり、人の食べ物になり、最後の一っ粒は鳥の食いものにするために播くのだというのである。

種子は、人さまが食べるためにだけ播くのではなく、神の物と鳥の分まで播いて初めて人さまの食べ物になる、という話である。現在の農業とは異次元の農耕世界のような気がする。たかが三十数年前に語られた話であるのだが、この「昔の人はいったもんだ」という神と人と鳥の話は何十年、何百年、何千年の時を経てきたのであろう。一夜にして鳥にやられてしまう現在の雑穀のあり様を忘れているわけではない。畑作農業が、とくに商品にならない雑穀などの伝統的な農業が切り捨てられ、鳥の食べ物もない中山間地では膨大な労力を使う防虫網をかけて栽培せざるを得ないのが実情で、「一つ粒の種子を鳥のために播く」心遣いをもつことは至難のことである。

「種子は三っ粒、播けばよい」

小田海栄さんの、神様と人と鳥のために「種子は三っ粒、播けばよい」という話をあるところでしたら、一人は「この話はどこかで聞いたことがある」といい、もう一人は「韓国にも同じ話がある」と言って、教えてくれた。

これはどういうことを意味しているのであろう。

まず、小田海栄さんのそれは、書物や外から得た知識とは考えられない。兵役でほかの国や地域に行った話も聞いていないので、村の内で語られてきた「言い伝え」そのものであろう。「言い伝え」とは、その地域において昔からの不特定多数の村人が共有してきた知識である。文盲であったことがその証明である。伝承された地域の共有財産としての知識だからこそ、文盲の小田海栄さんの身についた知識になったのである。そのことは、遠い昔に、この地域内に農業の技術書である農書が入ってきて、そうした知識をもたらしたかもしれない。それが地域の伝承として小田海栄さんに受け継がれ、農業技術として活用された可能性もある。あるいは、その農書の知識も、中国由来の知識であった可能性もある。日本にあり、韓国にもある農業技術――実は技術というよりも、農業の思想――で、中国発のそれであったかもしれない。

しかし、この話を、中国発の農業思想と決めつけるにはまだ早い。

種子や苗の盗難が横行する八重山の石垣市でハーブとパイナップルを栽培している田福敬子さんからきた手紙にはこうある。

インドのシーマさんは種蒔きのとき

「神様！　動物たちや虫たちに必要な分ができて、その後私の分もできますように」

とお祈りします。

欲張りな私は種蒔きのとき

「神様！　全部できて、全部食べられますように」

とお祈りします。

畑に誰かやってきて鳴こうと追い払いません。

なぜならシーマさんの心になろうと思ったからです。

答えは心の内にあるよ、とニコニコしながら、パインは言いました。

在来作物の種子の話は話を呼んで、森羅万象、宇宙の広大な輝きのなかに、人の営み、自然の営み、動物の営み、植物の営みを描いてみせてくれる。

第二章　在来作物の種子

先祖返りするか、黒い小豆

沖縄県の波照間島の浦仲孝子さんからもらった黒い小豆がある。現地ではこの小豆をハーマミ（赤い豆、赤い小豆の意味）という。黒い小豆なのに、赤い小豆だというのである。たしかに、この小豆で御強《おこわ》を作ると、赤い豆の赤飯になる。黒紫米と同じに黒く見える表皮が赤の色素をもっているわけで、現在では珍しくない。八重山の人たちはこのハーマミをおいしいといって、よく栽培し、ご飯に入れて炊いてふだんから食べている。

しかし、この黒い小豆ハーマミを農家の庭先で筵《むしろ》に広げて乾燥している光景に出合うと、また立ち止まって見入ってしまう。なぜなら、広げてあるハーマミの色はもちろん黒い小豆が大半を占めるが、なかには赤い小豆がずいぶんと混じっている。その家の人に聞いても「赤も黒も混じっているのが当たり前」とそっけない対応。ただ「毎年同じ種子で作っていると、赤い豆が多くなってくるよ」といっているのを考えると、元は赤い豆で、黒い色になってからもときどき赤い豆ができるのは「先祖返り」だろうか。

商品と自家用品の違い――クマミの選別作業から学ぶ

さて、自分で食べるマメ類は調理の前に行なう準備がある。マメ類は堅いので、即調理ができるわけではない。豆の種類にもよるが、数時間、あるいは一昼夜水に浸けておくことが必要だ。その前にすることがある。豆の選別である。購入した豆ばかりを調理していると、豆はとてもきれいである。虫食いなど絶対にない。商品とはそのように完璧な豆をいうのだ。ところが、私が各地でいただいてくるマメ類は、それを栽培した農家の人が食べるものと同じものだ。ゴミも豆も虫食いもいっしょである。これが当たり前のことなのである。ここから同じ豆でも商品と自家用品とは格段の差があることがわかる。

波照間島の浦仲孝子さんに私が所望して送ってもらったクマミ（コマメ=小豆）と呼ばれている緑豆を食べようと思った。とても小さな豆で、長径でさえ一㎝もない。白い皿にクマミを乗せ、選別に取りかかった。白い皿の上には、クマミの殻も混じっていれば、虫食いの豆もゴミも砂もある。ふつう豆の選別はゴミや虫食い豆を拾い出すのが仕事である。しかし、クマミのあまりの小ささにそういう作業では無理なことがまもなくわかった。次に試みたことは食べられるクマミを選び出すことであった。この選別の方法は成功し、一食分のクマミを手に入れたのである。選別という豆の「仕分け」にもさまざまあることがわかった。また、何よりも収穫したあとの豆にも栽培した人たちの手がどれほどかかっていたのか、が理解できたのはありがたかった。

種子を播いても発芽するとは限らない

後述する在来品種の「古里一号」という粟は、種子を採ってから数年もたつと、播いても発芽しないというか、発芽率が落ちるという。毎年、あるいは二、三年ごとに種子を播き、収穫して種子の更新をするのが望ましい。

しかし、一年前に採種した種子を播いても発芽しないことがある。たとえば、東京都立川市の施設の古民家園小林家住宅の農業体験の畑に、平成二十二年の五月に粟と黍とモロコシとハトムギを播いた。七月の初旬に草取りを農業体験として行なったときのことである。三畝《うね》のうち、最初の畝にモロコシ、次の畝に粟、次の畝には手前半分に黍、後ろ半分にハトムギを播いた。はずであったが、草取りのとき、どうしても粟と黍、ハトムギの二畝しかない。モロコシの畝がまるでないのである。農業体験の世話をしている立川市の職員も播いたときの図を見ながら、「おかしいな」とつぶやいている。農業体験の受講生の一人も「たしかに、モロコシの種子を播いたのに。おかしいわね」という。彼女は、どの畝になにを播いたか、ノートに記録している。それを見ても、最初の畝にモロコシを播いたと記してあるという。この農業体験は、地元砂川地区の八〇歳になる二人の農家の豊泉喜一さんと宮崎光一さんが指導しているもので、粟や黍、モロコシなどの栽培は、若いときから手がけてきたベテラン中のベテランである。播種の作業に間違いがあろうはずがない。なぜ、モロコシは発芽しなかったのか。モロコシの種子に異常があったわけではない。同じ種子を豊泉喜一さんが自分の畑に播種したが、みごとな成長ぶりを見せたのである。土が違ったからか、いろいろとその要因は考えられるのだが、結論が出たわけではない。しかし、この数年の間で沖縄の八重山地方、山梨県、福島県などで栽培している農家の人の話に、「今年はモロコシが駄目だったよ」ということをたびたび聞いていた。その年の天候にも左右されているだろうが、何十年もあいだ毎年栽培している農家でさえ、そのような状況に出会うのだから、作物の出来不出来は天啓としかいいようがない。

私にはあちこちで雑穀を栽培している知り合いがおり、その人たちから雑穀を分けてもらって毎日ぜいたくに食べている。しかし、平成二十一年に収穫のはずであったモロコシには縁がなかったというか、三地域の農家から分けてもらうことができなかった。そんなことがあるだろうか、と思ったが、これは事実であった。それで、それから一年間は別の農家から分けてもらった。この農家も数年前には、モロコシが発芽せず、収穫がない年があり、翌年は隣の家から種子を分けてもらったという。

「稗は何年おいても生える」という言葉はよく聞いた。そして、「屋根裏の梁に種子の俵をくくりつけておいたもんだ。飢饉で食い物がなくなったら困るから、この種子を播いて凌ぐんだ」と続けて語られる。本当だろうか。どうして現在は毎年のように、種子播きをしないと発芽しないというのであろうか。何年か過ぎて播いた種子が発芽しなかった、という例はよく聞くことである。しかし、発芽したという話はなかなか聞くことができない。

東京の農村地域の苗市

平成二十二年五月一日に東京都青梅市の今井の荒神様《こうじんさま》にお参りした。ここは連休のさなかに種子と苗を売る市がたつことで有名な神社であった。その名も荒神さま、つまり竈《かまど》の神様である。これは俗名で、本来の神社名は三柱神社である。

実は、何年も前から東京都奥多摩町の海沢《うなざわ》や古里《こり》（小丹波）で伝統的な農業の話を聞いていて「種

荒神様の苗市（東京都青梅市今井）

子はどうやって手に入れたのですか」と聞くと、「昔は、自分の家で種子を採ったのもあるが、青梅の種子屋が売りに来たり、青梅の今井の荒神様の苗市に買いに行ったりしたよ」という。今年も「今でも今井の苗市に行く人がいるよ」と聞き、苗市の日に出かけた。ＪＲ青梅線の小作駅で下車したが、その後の交通の不便さのわりには、行楽を兼ねた参詣客が多かった。ここも東京か、とまがうほどに牧歌的な農村地域で、大きな農家の庭に咲く花の色の春めく風景と畑の作物の様子に心がとろけそうであった。まずは花木の店が並び、農家の庭先販売の店、農家が春先に更新したい鍬や鎌などの農具の店を過ぎて、広場で四軒による本物の苗市が立っていた。この時期の苗物はナスやトマト、キュウリなどの夏野菜とイモ類の苗が中心である。どの店でもおいているのはサツマイモの苗で、植えどきが近いからである。昔は、それぞれの農家で堆肥を多く入れたサツマイモの苗床を作り、そこで苗を育てたものであったが、今は自家の苗床作りまでして苗を育てる農家も少なくなり、買った苗を移植するのである。この周辺の多摩地域は、「川越イモ」といって、サツマイモを大量に栽培して、東京の淀橋や品川などの市場で販売した。そういう時代には、購入した苗では間に合わず、自家用のサツマイモの苗床をこしらえていたのである。

イモ類といっても、サトイモ系、サツマイモ系、ジャガイモ系、ヤマイモ系とあり、ヤマイモ系の種子イモを数種類販売していた店があった。一方で、サトイモ系の種子イモを中心にした店もあった。ある店の商品はウコン、大和芋、竹の子芋種、赤目セレベス、サトイモ種、八つ頭芋種、生姜種（近江、三州の種子）で、別の店ではマクワウリ、トマト、トウガラシ、パセリ、ニガウリ、オクラ、モロヘイヤ、プリンスメロン、キュウリ、ナス、カボチャの苗を販売している。このうち、江戸時代の多摩地域の名物であったマクワウリは、近年珍しく、自家で育てた苗だという。

さらに、もう一軒の店で話を聞くと、近江や三州の生姜、鳴門金時と紅東のサツマイモの苗のほかに、サトイモの種子イモに特徴があった。サトイモといってもいろいろな種類があるのだが、この店ではドダレ、サトイモ、セレベス、八つ頭の四種類を扱っており、ドダレ（土垂れ）は昔から栽培されていた子芋であるが、近年は人気がない。なぜかというと、形が細長く、付け根にいくにしたがい、細くなるので、皮がむきにくい。味は粘りが強い。それに比べてサトイモと称するハスイモ系のイモは丸く、皮がむきやすいので、調理しやすい。そのため、今風で人気がある。味はホクホクしている。そういう区別を店の人は語った。まだ講釈は続く。セレベスは味が頭《とう》の芋《いも》に似ているという。「頭の芋」は東京の奥多摩や多摩地域、山梨県東部ではよく栽培されていたサトイモの一種である。私も奥多摩町や山梨県で栽培を見学、もちろん食べさせてもらっている。八つ頭よりも粘りの強い味の濃いサトイモといえよう。近年、栽培農家が少なくなっているが、種子芋は継続して作られている。ハスイモ系というのは愛媛県の山地で見たことがあるが、ここでお目にかかるとは思わなかった。苗や種子芋の栽培は各地であるが、これらの店を出しているのは埼玉県川越市や入間市、千葉県八街市の種苗屋である。

この時節、苗市は各地の神社で開かれている。たとえば、この今井の荒神様の苗市は五月一日であるが、五月の連休中は東京都の府中市の大国魂神社、調布市の布田天神社、青梅市の住吉神社、埼玉県志木市の敷島神社、坂戸市のお釈迦様など地域の神社の春祭りが苗市になる。五月最後には日野市の高幡不動で行なう。このころまでが苗や芋の植え付け時分ということだろう。今井の荒神様の苗市では、昔からの多摩地域で栽培されていた作物に出会ったこともあって、興味がつきなかった。

帰路は、やはり伝統的に苗や種子の産地として有名であった青梅市の霞地区に立ち寄った。ここはJA西多摩かすみ直売センターといい、近在の農家人たちが苗や種子物を出荷している。

在来作物の「江戸東京農業説明板」

東京では在来作物の「江戸東京農業説明板」が産地の神社に設置されている。この説明板の設置を提案、実施したのが大竹道茂氏で、その意図をこんなふうに説明している。「江戸、東京における農業の歴史や文化を伝えるため、かつての産地に説明板として設置しておけば、地域に移り住んだ新住民や子供たちに、末長く農業の歴史を伝えることができ、東京農業への理解も深まるのではとの思いからであった」。説明板を立てる場所は、「豊作を祈願し、収穫を感謝するのは、産地の鎮守様」ということで、各産地の神社に設けた。その数は、農協法施行五〇周年を記念して東京都内五〇ヶ所、そのうち東京の西の郊外多摩地域に一一ヶ所設置した。以下は多摩地域に設置された説明板の一部である（大竹道茂「多摩の農業景観と地域文化・その保全と復活」『多摩のあゆみ』第一三六号　たましん地域文化財団）。

「柳久保小麦」――東久留米市柳窪の天神社
「粟の古里一号」――奥多摩町小丹波の熊野神社
「陸稲の平山」――日野市西平山の八幡神社
「奥多摩わさび」――奥多摩町の奥氷川神社
「養蚕の村・羽村」――羽村市の阿蘇神社
「宗兵衛裸麦」――八王子市川口の神明神社
「小山田ミツバ」――町田市上小山田の神明神社
「東京のナシ栽培の起源」――稲城市の青渭神社
「砂川ゴボウ」――立川市の砂川地区の阿豆佐味天神社
「関野クリ」――小金井市関野町の八幡神社

「吉祥寺ウド」――武蔵野市吉祥寺の武蔵野八幡宮

そのうち、奥多摩町小丹波の「古里一号」を紹介しよう。

古里《こり》一号という栗は東京都奥多摩町小丹波の古里に由来する栗である。アジア・太平洋戦争後の食料不足であった時代に、東京都農業試験場で都内の各地で栽培されていた栗を集め、品質や収量などの比較を行ない、どの品種がよいか検討した。その結果、奥多摩町小丹波（古里）で栽培されていた栗が優れていたので、「古里一号」と命名した。そのため、奥多摩町の近在の農家では古里一号を栽培することが多かった。

古里一号は東京都の献上栗になっている。献上栗とは、宮中の新嘗祭へ献穀した栗のことである。宮中で毎年行なわれる新嘗祭では、全国から献上される米と栗を儀式に用いている。各県の一軒の農家に依頼して栽培してもらい、献上してもらう。私も農家を訪問して農業の話を聞くと、「うちも昔、宮中に栗を献穀してね、そのときもらった感謝状もあるよ。献上すると宮中に招かれてね、天皇陛下からお言葉をもらうのよ」という。平成十一年の献上栗は奥多摩町小丹波の平原和雄家で栽培された。そのときは栽培に失敗すると困るので、知り合いの原島家でも予備として栽培してもらった。この古里一号の栗は、東京の農協を通じて、種子として翌年の献上栗栽培の農家に引き継がれているという。数年前には立川市の砂川地区の農家が献上した。

東京山地の在来作物多様性

平成十九年に東京都の山地奥多摩町で栽培作物の聞き書きをした木俣美樹男編の『雑穀のむらのその後――伝統的畑作農耕をめぐる生物文

化多様性の保全』（私家版）によると、在来作物は当時たくさん栽培されており、小麦やソバ、サトイモ、ジャガイモ、ヤマイモ、インゲン、ノラボウなどに多くみられた。調査した地域が少ない難点はあるものの、まだまだ在来種子が栽培されていることを知る手がかりになる。東京都奥多摩町東日原ではたくさんの作物が栽培されていた。ここでは在来種のジャガイモについて述べてみよう。

東日原の集落はとても急峻な地形に位置しており、当然、畑も石垣によって守られているといってよいほど狭隘である。しかし、ここに住む人たちの心の豊かさを象徴するように在来作物はたくさん存在している。最初に東日原で在来品種を見たのはタチガラというジャガイモで、小粒であるが、煮くずれしないという。栽培していたのは原島糸子さんである。これをいただき、位置的に隣村になる山梨県上野原市西原の中川智さんに栽培をしてもらった。平成二十四年現在でも栽培は継続されている。中川智さんによると、タチガラは、西原のフジシュと呼ばれている在来のイモと同じではないか、という。フジシュはナルサワとも呼ばれており、富士山麓の旧鳴沢村から伝来してきたとされているイモで、西原で栽培されるようになった時代はわからず、中川家ではずっと栽培し続けているというイモである。セイダノタマジという味噌炒めの煮っころがしに最適なイモである。タチガラが東日原で継続して栽培されているかどうかわからないが、西原で活き続けているイモである。

原島糸子さんはタチガラだけでなく、赤いジャガイモも栽培していた。平成二十三年九月に再びうかがったときにこの赤いジャガイモをいただいてきた。名称はとくにないけれど、たくさんのイモがなり、粒も大きくなる。実もしまっていて、おいしいイモだという。このイモにはもうひとつの特徴がある。春植えと秋植えの年に二回の植え時期があるのである。九月ごろに植えても秋に収穫できるイモである。ジャガイモは全国各地でニドイモという名称をもっているイモで、二期作が可能な芋である。サンドイモという名称もある。昔の人たちからもそのことは聞いていたが、実際には実物にお目にかかれないでいたのである。東京都檜原村の明治時代の農民の日記『牛五郎日記』（増田昭子他校訂　私家版）では三月と七月（旧暦）の二度、栽培している記録がある。原島糸子さんがこの赤いジャガイモにこだわっているのは、横浜に住む高校生の孫娘がこのジャガイモが大好きだからである。

原島糸子さんは、昔はタチガラのほかにトウジンといって形は細長く、中身がうす紫の芋や現在のダンシャクに似た丸いイモもあったという。大正十年生れの原島益雄さんも子どものころに赤いジャガイモがあって、実がしまっていて、腐らず、匂いがあったといっている。トウジンは固く、味がよくなかった。タチガラは細長く、色が白く、おいしいイモであった。タチガラのカラは茎を意味しているという。春になると、自分の種子芋を植えるのが普通であった。それは「外から入ってきた種子はベト病などの病原菌をもってくるから」、できるだけ、自家採種した種子を使ったという。原島糸子さんはこのように自家採種した種子を翌年使うことを「トリカエシで作る」という。

東京天空に実る地キュウリ

東京都奥多摩町峰の集落は標高が九八〇ｍの場所にあり、現在の戸数は十数軒で、谷を走る道路からも見上げる所に家が見える。平成二十三年五月に峰の長老である大正十五年生まれの大野国太郎さんに話を聞いた。畑でいろいろな野菜を作っているが、多くは青梅市に住む娘夫婦が一週間に一度来て栽培してくれるので、そのあいだの世話を国太郎さん夫婦がしている。近年はサルやカモシカ、キツネ、シカ、タヌキ、イノシシなどが来て作物を食い荒らして行くので、畑仕事も大変だという。治助という奥多摩町在来のジャガイモは奥多摩町役場の方針で町全体で作っており、峰でも作っている。治助はメークイーンのように細長くてうまいが、当たり外れの多い芋である。

大野国太郎さんは在来作物を何種類も栽培しており、筆者がいただいてきた種子は地キュウリ、エ(荏胡麻《えごま》)、小豆である。そのうち地キュウリはなかなか手に入らない種子であるが、隣村の山梨県小菅村でも栽培していて、物産館で販売している。地キュウリの味は濃く、みずみずしさがある。そのまま、かじると水分が滴り落ちる。味噌もつけないで丸かじりして食べるのが一番である。大野国太郎さんの地キュウリの種子をもらってきて、栽培してもらおうと農家の人に頼んでいたが、播く時期をみて、庭で種子を天日干ししていたら、カラスが食べてしまったという。もう一度種子播きに挑戦してもらえるようである。

在来作物の宝庫――山梨県の中川智家の作物群

山梨県上野原市西原の中川智家は雑穀やイモ類、マメ類、野菜類などを栽培している。平成十九年(二〇〇七)~平成二十年(二〇〇八)にかけての一年間の栽培作物は、五五種類であった。これは作物別の種類であって、品種別の数値ではない。このうちの穀物は、粟、黍、稗、小麦、モロコシ、シコクビエ、ソバ、トウモロコシ、エンバク、ハトムギの一〇種類を数えるが、粟を例にとれば、品種として粳種が二種類、糯種も二種類を栽培している。黍も同様に三種類の品種を栽培している。複数の品種を栽培している作物を列挙すれば、次のようになる。八種類のジャガイモ、三種類のサトイモ、四種類のヤマイモ、四種類の大豆、小豆、インゲン、ゴボウ、キュウリ、カボチャ、ダイコン、トマト、ネギ、ハクサイである。多様な作物栽培の典型である。

中川智家の在来作物の種子による栽培がどのくらいあるかを見てみよう。

穀物　粟……………粳粟が二種類、糯粟が一種類
　　　黍……………二種類（シロキビ・クロキビ）
　　　稗……………一種類
　　　シコクビエ……一種類
　　　モロコシ………二種類（ホモロコシという。穂曲がり・穂が曲がらないもの）
　　　ソバ……………一種類
　　　エンバク………一種類
　　　ハトムギ………一種類
　　　トウモロコシ…一種類（甲州モロコシ）
イモ類　サトイモ系……二種類（小芋・八つ頭）
　　　ジャガイモ……一種類（富士種《ふじしゅ》＝鳴沢種《なるさわ》）
　　　ヤマイモ系……一種類
マメ類　大豆……………四種類（赤豆・黒豆・青豆・黄豆）

野菜類

インゲン………二種類（クロップ・ソンチョウ十六）
フユナ…………二種類
ホウレンソウ…一種類
ノラボー………一種類
シロキュウリ…一種類
ユウガオ………一種類
シソ……………一種類

数えてみると、品種別も含めて三〇種類の在来種が栽培されている。作物別に数えると二〇種に上り、全体の栽培作物は五五種類であるから、在来作物の栽培はとても多いといえるだろう。

現在は種子を失ってしまった在来の作物に、ヨッテミナという小豆があった。この小豆は畑で栽培しているときから赤、黄、白と豆の色が混じっており、栽培しても当たり外れのない小豆であったという。また、オカメ十六というインゲンもあったが、やはり種子を失った。

自家採種した在来種子をウチダネという。中川智さん

雑穀の種子を保存する中川家（山梨県上野原市西原）

は、そのようなウチダネは昭和四十年ごろの高度経済成長期に栽培しなくなり、ヨッテミナやオカメ十六のように失ってしまった種子も多いという。

中川家では種子を購入するのは農協を通して注文することが多い。平成十九年の春に中川家が農協に注文して購入した種子はつぎのとおりである。

ニンジン（国分鮮紅長……オーストラリア産）
チンゲンサイ（オーストラリア産）
キュウリ（新四葉つけみどり）
キュウリ（早生節成ふしみどり）
キュウリ（節成地這）
キュウリ（節成夢みどり）
カボチャ（栗みやこ……青森県産）
トウモロコシ（スーパーマロン）
トウモロコシ（あまーいコーンEX＝一代交配……アメリカ産）
インゲン（ケンタッキー……アメリカ産）
インゲン（ロマノいんげん……アメリカ産）
つるなしインゲン（アメリカ産）
ブロッコリー（みかも……アメリカ産）

エンドウ（春まき絹さや……アメリカ産）
オクラ（五角オクラ）
ダイコン（味みの大根……アメリカ産）
ゴボウ（滝野川ゴボウ……岩手県産）
ゴボウ（うまいゴボウ……岩手県産）

一一作物一八種類の種子を買っている。キュウリは四種類、インゲンは三種類、トウモロコシは二種類、ゴボウは二種類ある。中川家で購入する種子はこれだけではない。秋蒔きの野菜や冬野菜の種子も買うので、作物の種類はもっと多いとみなければならない。品種別も含めた作物を数えたら何種類くらいになるのであろうか。栽培している中川智さんもたぶん知らないに違いない。なお、翌年の注文にはニンジンが二種類あり、その年によっても異なることがわかる（増田昭子他『中山間地の畑作農家における生活文化の変容と現代性』私家版）。

購入した種子の産地については個別に調べたわけではないが、以上のように青森県、岩手県、アメリカ、オーストラリアがあった。翌年の購入した種子の産地には中国もあった。ここまでは周知のことであろうが、ちょっと驚いたのは、ゴボウの種子の産地である。滝野川ゴボウは、もちろん江戸時代から江戸の、現在は東京都練馬区滝野川がたいへん有名な種子産地であった。だから「滝野川ゴボウ」と産地名がつけられたブランド品になったのである。近代までは比較的産地として種子生産をしていたが、現在は岩手県に種子生産地をゆずっている。それでも現在の産地である岩手県では品種を継承しているせいか、「滝野川ゴボウ」の種子として販売している。単なるゴボウ種子ではなく、「滝野川ゴボウ」というブランド種子のほうが農家には人気があるということだろうか。

在来のトウモロコシを食べる

徳島県の東祖谷から剣岳を経由して美馬市木屋平の二戸集落の戸田昭二家でもキュウリ、アズキ、ソバ、ナンバ（トウモロコシ）などの種子を分けてもらった。ナンバはトウモロコシのことで、これを挽き割ったナンバノワリもいただいた。トウモロコシは現在の種類は焼いても茹でてもかじりつかないと食べられないようなやわらかさである。しかし、在来のトウモロコシは粒がしっかりしていて、一粒ずつもぐことができる。トウモロコシを大量に生産して乾燥し、製粉し、食料の一部、主食の一部にしていた地域は、そうして食べることが昔はとても多かった。さまざまな使い道があり、団子や餅、まんじゅうなどにしたところもある。戸田昭二さんからもらったナンバノワリというのは、トウモロコシを挽き割ったもので、粒でもなく、粉でもない状態の細かな粒状のものである。これを米や麦など穀物とともに炊いて飯にするのである。もちろん雑炊に入れてもよい。主食の一部になっていたのである。徳島県の戸田家からもらったナンバノワリ（トウモロコシの割り）は実際に見て初めてその粒の大きさというか、割り具合がわかる。粒でもなく、粉でもない「割り」の状態を知ることができた。

山梨県上野原市の中川智さんも在来のトウモロコシを作っていて、甲州モロコシと呼んでいる。そのため、本来のモロコシをホモロコシと呼んで区別している。隣村の小菅村でも甲州モロコシを栽培していて、ここではモロコシを、アカモロコシを呼んでいる。昔は、甲州モロコシの品種の一つに「馬の歯」というのもあったそうで、大粒の実がきれいに並んだトウモロコシであったそうだ。中川智さんが現在栽培している品種は不明であるが、八月下旬には食べられるようになる。しかし、茹でたり、焼いたりして粒で食べる期間は短く、約一週間である。長くおくと堅くなり、収穫した後乾燥して、製粉して食品にする。茹でたり、焼いたりして食べるとき、中川智さんは、一粒ずつもいで口に入れて噛んでいた。その速度はかなりゆっくりである。甲州モロコシは粒が堅いので、じっくり噛んで食べるが、その歯ごたえが好ましい。現在のような柔らかく、かじるしかできないトウモロコシと違って、一粒ずつゆっくりと噛んで食べながら、おしゃべりするには都合のよいトウモロコシである。スローフードという言葉が流行っているようだが、甲州モロコシはその言葉にふさわしい食べ方をしている。

ところで、甲州モロコシは先に記したように乾燥して保存し、必要に応じて粉にして食品にするが、この地域には水車が稼働しているので、中川家では水車で甲州モロコシを製粉して、まんじゅうの皮にしたり、餅を搗いたときのとりもち粉にしたりしている。甲州モロコシ一〇〇%でまんじゅうの皮を作ると作りたては香ばしくておいしいが、時間がたつにつれて堅くなる。

一般的にトウモロコシを割りや粉にして食品にしていた地域では、穀物生産が十分でないところのようである。山梨県富士吉田市新屋でもトウモロコシを粉にして食べた地域である。明治初期から普及したトウモロコシは、稗やソバの粉よりも上等な粉として扱われたもので、粒のまま食べるよりは多くを粉食品にして食べたことを伝えている。現在オヤツというか間食として、あるいはサラダなどに使うトウモロコシも、五、六十年前のアジア・太平洋戦争後においては重要な食料の一部であったのである。

ソバ・在来の種子継承

麺の蕎麦は蕎麦切り（作物、食材としては「ソバ」、麺としては「蕎麦」と表記する）といい、江戸時代に庶民のあいだで大流行《はや》りして現在に至っているが、地域によって、また都市住民と農村地域では蕎麦の存在は異なっている。これについては後述しよう。

まず、ソバの種子から見ていこう。昭和の高度経済成長期を過ぎたころから作物全体の在来の種子が減少していった。この時代の蕎麦は、食材としてのソバも中国から輸入されたもので、麺は小麦粉を多く混ぜた蕎麦であった。したがって、それほど蕎麦がもてはやされたわけではない。大流行をしている現在のような蕎麦志向はいつからかわかりかねるが、日本中、どこにいっても蕎麦がいつでも食べることが可能である。本来、おいしいソバができる地域は気候や地形条件によって異なっている。だから、同じようにみえるソバでも、蕎麦になったときに違う味になる。ソバは東北地方や中部地方の山間部にできたものがうまいとされる。信州蕎麦や会津、山形などの蕎麦が有名なのはその気候がうまさの要因を生み出しているのである。井上直人氏によれば、うまいソバは、アミロースの含有が少なく、タンパク質の含有が多いものである。こういうソバの生産地は日照時間も少ないような、早めに霜が下りそうな地域で、完全に登熟する前の段階で収穫したソバがよいという。こういう条件のソバを「霧下のソバ」というらしい。「信州から東北の内陸にかけては、アミロース含量が低い。逆にタンパクは多くなる」と井上直人氏はいう（井上直人「在来種の蕎麦はなぜ美味しいのですか」二〇一〇・九『自遊人』自遊人）。

近ごろは、中国からの輸入ものではなく、国産のソバ粉を使ったソバ粉で八割ソバ、十割ソバにこだわりをみせるだけでなく、食材としてのソバの善し悪しが話題になってきた。そこに登場するのが在来種のソバである。蕎麦といえば信州蕎麦を思い出すが、その在来種「信濃一号」の母体になったのが福島県の会津地方の「会津在来」である。片山虎之助氏（政治家とは別人）によると、昭和十九年（一九四四）に長野県農業試験場で選抜されたもので、小粒で身入りのよいソバである。土地を選ぶのが作物であるが、「様々な条件の土地への適応力が高く、収穫量も多い」ので、農家にも人気が高いという（片山虎之助「在来の蕎麦」二〇一〇・九『自遊人』）。会津の蕎麦が以前から有名で、その典型が〝蕎麦街道〟といわれ、〝農家レストラン〟のハシリであった山都町（現喜多方市）の蕎麦であった。山都町は山に囲まれた地域でソバ栽培には適しているうえに、「広葉樹などの落ち葉が長い間蓄積した、褐色森林土に覆われた区域」があり、ここに育つソバがうまい、とされている（片山、同書）。山都町のほかにも、只見町など奥会津の山間地には蕎麦のうまいところが多いのは、自家採種のソバ種子を各家が持ち伝え、ブナ林を擁した土地と秋早くに寒さがやってくる地域だからであろう。

「会津在来」以外にもソバの在来種は各地にある。東北、北陸、中部以外にも徳島県や宮崎県などにも在来種が展開している。徳島県は「祖谷在来」、宮崎県は「椎葉在来」とあるが、いずれも山間地で標高の高い地域で、ソバ作りに適しているといえよう。

現存する江戸時代の種子

縄文時代や弥生時代の遺跡からの種子出土は、近年考古学の進展により盛んに行なわれ、その成果は著しいものがある。もう少し時代を下った平安時代から鎌倉時代に栽培されていたソバの種子、といえば、私たちも親しみが出てくる。平安・鎌倉の栽培ソバは福島県猪苗代町の惣座無遺跡から発掘された（『自遊人』）。

江戸時代に保存された稲、ソバ、ハトムギの種子が現存している。東京都府中市の旧押立村の代官川崎平右衛門家が保管したもので、現在は東京都の府中市郷土の森博物館に所蔵されている。記録によれば、元和元年（一六一五）産の稲籾二種類、同年産ソバ、天明八年（一七八八）産の稲籾一種、年代不明のハトムギである。このハトムギも、寛保二年（一七四二）の史料にハトムギ、粟、稗、黍、紫草等の栽培が記載されているので、江戸時代産であることは確かである。ハトムギをどのように食したのかは不明である。現在、ハトムギは焙煎して茶として用いられているが、それほど一般的に普及した穀物ではない。東南アジアでは茹でて、食用にされていることは報告されているが、日本での用途が明確でなく、漢方薬として使われていたとされる。『広辞苑』によれば、利尿剤、胃健剤とある。民間では高い血圧を下げる効果があるとか、水いぼを取るなど皮膚を奇麗にするといわれている。

山形で蘇った天保時代のソバ

天保時代のソバの在来種が福島県大熊町で発見され、それが現在蕎麦として食用されるようになったというのである。以下は『自遊人』からの抜粋である。

天保の飢饉といわれる一八三〇年代は天候不順で、農作物の栽培には厳しい時代であった。福島県大熊町は太平洋に面した地域である。ここの豪農横川家では天保年間の飢饉のあり様の教訓として天井裏にソバの実をつめた六俵の俵を発見した。平成十年に母屋の解体に伴う発見であった。俵はいずれも二重構造になっていて、俵と俵の間に灰や炭がぎっしりと詰め込まれていた。ネズミの害を防ぎ、湿気除けの措置であった。横川家には「五代前の助治郎さんがソバを隠した」という話が代々語られてきたという。

おおよそ一六〇年経たソバの種子は発芽するだろうか、と不安に思いながら、試験場や大学などに依頼して研究・実験をしてもらったが、「すべての種子で胚は発芽する能力を喪失。成長能力はない」とされた。が、あきらめずに、山形県の「鈴木製麺所」の先代彦市さんに頼み、栽培してもらった。鈴木彦市さんは「昔から農家に伝わる言い伝え」である「ソバを播くときは、水はいらない」を実行に移し、栽培を開始したところ、発芽したのである。天保年間の在来のソバの栽培が成功したわけで、他の品種との交雑を防ぐ意味で、山形県の飛島で栽培されている。平成二十二年にも栽培も広く行われており、「天保そば」と名づけられ、「幻の山形天保そば保存会」の会員蕎麦店で味わうことができる予定であるという。

種子保存の決め手は「藁」か

種子は収穫してから年数がたつと発芽しない、と経験的にいわれており、「天保そば」の一六〇年前の種子の発芽は驚異である。

先述した川崎平右衛門の子孫は、江戸時代の元和元年（一六一五）の稲籾と天明八年（一七八八）の稲籾、および明治二十五年（一八九二）産の米を東京衛生試験場に委託し、成分分析してもらっていた。その結果を明治四十年（一九〇七）の記録に残している。それによると、元和元年の稲籾は脂肪とでん粉の減少は見られるが、全体として虫食いもなく、保存状況がよい。それにたいして、天明八年のそれは虫食いもあり、米の色も悪い。その違いは、前者が藁俵《わらだわら》に、後者は杉箱に保存されていたことによるもので、稲藁《いなわら》が「穀類の水分及ひ外気の湿分を吸収し」ているからだというのである。さらに、元和元年の米は、明治二十五年の米と比較しても「香味色澤」や「脂肪」などに変化はあるものの、「新米と大差なきが如し」と結んでいる（「古籾元和元年天明八年産貯蓄来歴及分析之記」東京都・府中市郷土の森博物館）。

「天保そば」の種子と元和元年の米籾の二例だけで決めつけることはできないが、藁のもつ穀物についての保存能力は注目されてよいかと思う。この二例は、四〇〇年近い年月を経た稲籾と、二二〇年余年を経た稲籾で、ともに保存年数が長いところに特徴がある。「天保そば」は現代になっても発芽したのである。福島県喜多方市熱塩加納の大平に住むある家から在来のモロコシが発見されたという情報があった。ここは近辺の「有機農業発祥の地」といわれている地域である。このモロコシは約三〇年前に栽培しなくなって途絶えていたものだが、今回の発見を機にモロコシ団子にして食べてみたということである。この話を提供してくれたのは在来作物を栽培している若手農業経営者小川未明さんで、この種子をもらい受け、翌年に播種をしたいと語っている。「天保そば」の例もあるので、試作を重ね、栽培をしてほしいと思う。

穀物の貯蔵施設をみると、木箱や藁俵に詰めて貯蔵することが多い。通気性と湿気除けとして藁製の俵を使っているわけであるが、近世の稲籾を保存した川崎平右衛門家の子孫による実験は、米の品質の持続性まで高めていることを証明している。

徳島県の東祖谷における雑穀の種子

徳島県の東祖谷では九月十日前後になると、雑穀の収穫の時期になる。そこの落合は山腹に展開した美しい集落である。母屋を中心にした屋敷は小さな畑に作物が所狭しと稔っていた。粟も黍も穂をつけていたが、黍の収穫作業をしていた新居ツヤ子さんは「来年からは黍を作らない」といい、実が入っていない穂に触《さわ》ってみせてくれた。穂には実が入っているように見えるが、ほとんど入っておらず、空っぽである。まだ、十分に実っていないものが多く、緑かがっている穂も多い。新居さんによれば「一夜にして二〇〇羽、三〇〇羽の小鳥がきて、穂を食べてしまうのだ」という。その小鳥も今までに見たこともない、知らない鳥だという。このように一夜にして見知らぬ鳥が群れでやってきて、種子も取れないほどに実を荒らしていくのは、各地で聞いた。そのため、穂が出る時期に畑全体に網をかけて防鳥する。しかし、防鳥網をかける作業は簡単ではない。男性の力がないと網かけはできにくい。それで年配の女性たちがこれまでは自家用のためにわずかに作っていた黍などの栽培をやめてしまうのである。

落合集落に対面する山腹集落である中上の西岡ノブエさんも収穫の終わった黍を脱穀していた。隣家の西岡フクエさんは、雑穀の種子をたくさん保管している。アワ、ヤマビエ（山稗）、ヤツマタ

ソバ畑と東祖谷の落合集落（徳島県三好市東祖谷）

（シコクビエ）、コキビ（黍）などが主なものであったが、このうちヤツマタは粉にしてヤツマタダンゴにして食べるといい、アワは粟餅にして食べるという。ヤマビエはふつうに栽培されているヒエと少し異なり、穂は小型で、しっかりと粒がついていて、堅そうに見える。触れても粒がこぼれることもないし、形が崩れることもない。高知県いの町越裏門《えりもん》は石鎚山《いしづちさん》の南面にある集落で、そこに住む山中三郎さんのヒエも同じように形のしっかりしたヒエである。ヤマビエとはどういうヒエなのだろうか。栽培されていることには違いないのだが。

四国・九州地方の稗栽培

高知県の越裏門の山中三郎さん、筆子さん夫妻は、稗とコキビ（黍）を栽培していた。それほど広い面積ではないが、畑に栽培したり、畑の畔に栽培したりしていた。秋にな

山中家の稗（高知県いの町越裏門）

って穂が送られてきた。とてもよい穂の状態であった。とくに、稗は、徳島県の東祖谷で譲り受けたヤマビエ（山稗）に似ている。よく見ると、ふつうの稗とヤマビエの中間のような穂のつき具合である。

実は、稗を栽培するのは寒い東北地方から関東地方であると思われているようだが、実際には東祖谷でも栽培しているし、石鎚山南面の山地でも栽培しているのである。また、平成二十二年（二〇一〇）十月に訪れた熊本県の五木村でも稗の栽培が行なわれていたことを聞いた。五木村の場合、昭和三、四年（一九二八、二九）の産物統計の一覧では、粟、黍、トウモロコシ、ソバ、米、大麦、小麦の穀物の作付反別の数値を見ることができるが、稗は表の欄がありながら、「ー」の記載になっている。栽培されていないか、作付反別として記載する面積がなかったかのどちらかであろうと推測した（『球磨村』下巻）。しかし、五木村でも高地にある平野や梶原、下梶原、八原の集落では作ったという。とくに、梶原、下梶原では栽培した稗を釜で煎って、石臼にかけて皮をむき、麦のご飯に入れて食べたという。また、稗のドブロクはおいしかったとも語っている。この話を語ってくれたのは八原の松永チツ子さんで、粟、コキビ、キビ（モロコシ）の在来の種子を譲り受けた。同時に、「これは自然に生えた稗」といって稗の種子も譲り受けてきた。種子がこぼれて生えてできた穂であろう。

四国の東祖谷の落合や中上や高知県の寺川、越裏門、高藪《たかやぶ》、熊本県の五木村の例でみると、標高の高い集落で稗が栽培されていたように思う。昭和三、四年の統計に記載されていないこともそうした過疎の集落で栽培したためであったと推察できる。なお、もっと多くの事例が必要であろう。そうすれば、緯度の高さによる寒い地方での栽培と四国、九州という暖地における標高の高い、寒さも伴う地域での稗の栽培があったといえるだろう。

なお、第三章「小豆は祝儀物――二六〇年前の記録『寺川郷談』は語る」でも述べるが、寺川では粟よりも稗を多く食べていた様子がうかがえる。

種子は次の収穫まで保存する

岩手県軽米町で雑穀の種子を栽培し、販売している波柴《はしば》スエ家の雑穀栽培の面積は一反七畝ほどである。そのうち種子用に糯粟二畝、黍二畝、稗一畝、アマランサス一畝ほどを当てている。それ以外の畑には販売用（黍）と自家用の雑穀を栽培している。糯粟、黍、稗は昔から波柴家で栽培していた在来の種子を使っている。アマランサスは昨今外国から輸入された穀物である。種子用の雑穀を栽培し始めたのは岩手県農業研究センターから勧められたのがきっかけである。販売は農協が行なっている。

波柴家では稲作も行なっている。平成五年（一九九三）の大冷害のときには種子も取れないほどの凶作であった。しかし、波柴家では毎年種子籾を多く保存し、残りはネズミにやられないように翌年の春まで確保しておく習慣なので、平成六年の春には二年前の種子を播いた。そのときも二年前とはいえ、古い種子なので、発芽するかどうかを家の中で温度調節して播種した。試しにやってみてから水田に播種するのである。雑穀も多めの種子を保存し、どのような年でも播種ができるようにしておく。販売用の雑穀も荒皮のまま、二五kgとか三〇kgとか保存してあるので、種子用として使うことができる。四月になってから雑穀の種子がありませんか、と注文がくるので、その保存用もほとんどなくなってしまう。波柴スエさんは、在来の雑穀の種子を販売した近隣の農家の畑に行き、種子が発芽したかどうか見て回る。ほとんどの畑で芽を出しており、雀などが集まっている光景に出会っているという。

こういうことができるのは、春に種子を播いても、その年の収穫が終わり、取れたのがわかるまでは種子は保存しておくからである。これは当家の家訓のように守られている。

自家採種、こぼれ種子

岩手県の波柴スエさんのように自家採種する農家は多い。福島県只見町坂田では自家採種した種子を翌年播いて栽培することをツクリゲェといった。作り替えの意味である。先述した山梨県の中川智さんのように多くの作物を自家採種する。

おもしろいのは収穫期になっても畑にそのままおき、大きく成長するに任せている場合である。沖縄県竹富町黒島の島仲和子さんは、島の伝統的な農業のやり方で、畝立てをせずに耕したままの畑に種子を播いたり、苗を植えたりする。畝立てをしないままの状態をヒラウネといい、畝立てしたものをタカウネと呼ぶ。種子のばら播きもする。ここでは混作農業が盛んであったが、近年、畝立てをして整然とした畑が多いなか、島仲和子さんには筆者が頼んで混作農業を継続して行なってもらってい

サツマイモの苗を平植えする島仲和子さん（沖縄県竹富町黒島）

混作をする島仲家の畑（沖縄県竹富町黒島）

コキビのフタリバエ（高知県いの町寺川）

る。八重山における伝統的農業だからである。しかも、この混作農業はアジア諸国につながるもので、アジア的農耕文化の一つの要素なのである。この農法の詳細は後述する。石垣市宮良の小濱勝義さんも同じように混作をしている。筆者が八重山を訪れた十数年前はまだまだ混作の畑が多く見られたが、平成二十二年では数少なくなった。でも注意深く畑をみれば、西表島《いりおもてじま》の大原や祖納などにも見ることができる。混作は体力の消耗が少なく、亜熱帯の農耕には適した農法かと素人なりに考えるのである。

ここでは島仲和子さんの畑の種子の様子を紹介する。写真の畑はいつもこのようにいろいろな作物が雑多に成長しているように見える。しかし、島仲和子さんの頭の中には、おおよその作物の成長絵図が描かれているはずである。雑然と見えるが、大ざっぱな作物の位置取りが見てとれる。とくに、大量に作ろうとしているイモ（サツマイモ）はまとまっている。品種も異なったものを植え、畑での位置どりも決まっている。その間を区別するために、真中に家庭菜園的な少量ずつ作る野菜を植えている。その一つにサニーレタスがある。このレタスはすでにトウが立っている。和子さんによれば「そのまま育っていけば、種子ができるから。そのままおくと、種子が自然にこぼれて、来年また芽が出て育つからね」という。このサニーレタスは何株か作り、食べていたが、そのなかでもっとも育ちのいい株をこのようにおき、種子取りと自然発芽をさせている。このような自然の生育状態を待ち、自家採種ならぬ、こぼれ種子の自然発芽を行なうのは和子さんばかりではない。石垣市の小濱勝義さんもそうだし、山梨県上野原市の中川智さんもそうである。農家にとっては一般的な自家採種の方法といえるだろう。

高知県いの町寺川の山中佐和子さんもコキビで同様のことをやっている。。こぼれた種子が自然に生長したのを収穫する。このこぼれ種子をフタリバエという。フタリとは「フタッタ」という言葉からきたもので、「フタッタ」とは失ったという意味だという。同じ高知県いの町の高藪の伊東幸子さんはこれをオロカバエと呼ぶ。先述の岩手県軽米町の波柴スエさんのシソの種子を秋に振りまいておけば春になると芽が出てくるというのも人の手で種子を振り播くか、自然に落ちるままにしておくかの違いのように思う。先述したように、五木村の松永チツ子さんの住む集落は山の中腹にあり、標高が高いため、稗を作っていた。現在は作らないが、自然に生えた稗の種子だといって見せてくれた。これは昔のこぼれ種子が生えたものであろう。沖縄県竹富町波照間出身の田福清子さんは、落ちた種子をウチダネ（落ち種子）と呼んだという。

平成二十二年十月下旬、熊本県五木村を訪れた。目的は在来作物の種子をもらうこと、そして現地でも保存してもらい、栽培してもらうことであった。長年、当地域にかかわってきた湯川洋司さんに案内してもらい、地域で在来の作物を栽培している方を紹介してもらった。その一人が尾方茂さんであった。在来作物をたくさん栽培されており、その種子をいただいてきたが、野生植物という点で興味深かったのは、ジゴナ、あるいはクロゴナという地菜《じな》である。見かけはハクサイのような大きな葉に生長するが、ハクサイのように巻かず、生長のしっぱなしの感がある。尾方さんによると、「昔は川端にいっぱい生えていた。今はだれも作らないが、自分の家で作っている。昔に植えたもので、現在は自然に生えてくる。味噌汁の実などにして食べた」という。

「野良ばえ」と混作の効用

さて、「野良ばえ」というのは「圃《ほ》場からエスケープし野生化した植物」ということになろうか。西川芳昭氏の『作物遺伝資源の農民参加型管理』（農文協）によれば、「〝野良ばえ〟の遺伝資源の利用にあたって圃場からエスケープし、野生化した植物までも多様性の源泉として利用している」のだそうだ。さらに、同書では混作の効用について、以下のように述べている。

栽培植物は多くの点で野生植物と異なるという。たとえば自然条件下においてほかの野生種に比べ、栽培植物の種子は競争力が弱い、人に利用される部分が巨大化、生殖生長よりも栄養生長が選択され、繁殖能力の劣化が見られる場合もある、人に利用される部分の形態的多様性が高度に発達している、種子に急速かつ均一な発芽性質が見られる等々、さまざまな事象が発生していると述べている。「これらすべては、植物が人間の管理下に置かれたために備わった性質であり、在来作物品種を生息地域内で保全する場合、これらの特徴を充分に考慮しなければならない」といい、種子の競争力に関しては熱帯の混作地帯に注目し、混作をつぎのように位置づけている。「雑草種や近縁野生種までを含めて混作すると、在来品種の遺伝的多様性が拡大することや、雑草や病虫害が多発しても商業的品種を用いた場合にしばしば報告されるような壊滅的な不作は起こらないことも明らかになっている(Barlet 1980、Richards 1985)。この場合、農民は改良品種の導入による増産の可能性よりも、混作による不作に対するリスク回避を優先していると考えられる」。要するに、さまざまな植物の中で生長する作物のほうが、本来備えている性質を活かして、病虫害等に対する危機も少なく、農業としての安定性が確保できること、その際に混作がきわめて有効性を発揮するということであろう。混作においては、作物と雑草の自然な共生が行なわれているということもできよう。

日本の混作については八重山を中心に第三章「八重山の混作はアジア的農耕文化」で詳述する。

高知県の高薮の種子保存年数と発芽認識

高知県いの町高薮の伊東秀雄・幸子夫妻の種子についての話も興味深い。

何かの都合でこぼれた種子が発芽し、自然に生えたものをオロカバエということは先に記した。秀雄さんは、種子は「倉におけば五〇年はもつ」という。当家の倉は一部が穀物を保管するようになっていた。一番多く栽培した稗はカマスや南京袋に入れ、倉に保管した。しかし、ネズミにやられることも多かった。現在も稗を少し作っているが、もう種子をなくした品種にコナビエという品種があった。これは細かな粉のような粒をしていたところから、そのように名づけられたものらしい。この地域では焼畑で稗と小豆をたくさん作っていた。水田はないので、米はできなかった。米は寒風山や笹ヶ峰を越えた愛媛県西条市や新居浜市の人たちが

伊東家の母屋と黍畑（高知県いの町高藪）

峠越えをして持ってきた。米と稗、または小豆のハカリガエ（量り替え）といって物々交換するのである。米一升と稗一升、米一升と小豆一升を交換した。「稗は米よりも栄養が多い」といわれていた。また、小豆は米と交換できるので、焼畑にたくさん作った。稗や小豆を米と交換しても、米が主食の中心になることはずっと後のことで、昭和三十年ごろに焼畑を止め、現金収入があるようになってからである。

妻の幸子さんは「タネモノはこういう時代だから保存しておく。一代のうちには（五〇、六〇年）飢饉があるものだからとじいちゃんがいっていたから、タネモノは保管しておく」といい、保存しておいた種子が発芽するかどうかは、作物によって違うという。もっとも長い間保管していても発芽するのは稗で、七、八年保管した種子でも発芽するが、一〇年でも生える場合もある。麦は七年おいたものでも大丈夫だという。黍は二年、小豆は三、四年、大豆は一年。大豆は翌年だけの発芽ということになる。いずれも、虫にやられないようにすることが大切で、保管するにはビンに入れるのがもっともよい、というのが伊東家の現在の考えである。平成十九年栽培の稗の種子をもらってきたが、その種子もビンやペットボトルに保管していた種子である。ペットボトルを種子の保管に使うのは、伊東家だけではない。沖縄県の竹富島の内盛勇家も、東京都昭島市の宮岡和紀家もペットボトルに保管していた。高藪の伊東家では、昔は箱や缶に入れていた。しかし、種子を播くのは「一年ビエ」を播くのだという。

これまで私は種子が発芽するのは何年くらいかを全国の農家の人に聞いてきた。たいていの人は「二、三年おいても大丈夫生えるよ。稗は五〇年おいても生えるとはいうけどね、実際はどうだかわからないよ」といって教えてくれた。しかし、伊東幸子さんは、作物ごとに発芽する年数は異なるといい、どの作物が何年まで置いた種子でも発芽する、と明言しているのである。この種子にたいする認識は、経験による認識、あるいは発芽力を作物ごとに試みた実験的認識であろう。私は、民俗調査をしていて、農家の人たちがもっている知識を「経験知」という言葉で表すこともあるが、単なる経験だけでなく、「試験的知識」ともいうべき、きわめて意識的な発芽試験による知識を得たと思えるのである。「稗は七、八年、一〇年でも生えるよ」ということは、その年数以上の年月をかけてその認識に到達したといえよう。

第三章　在来作物の栽培と食べる人々

アヤメさんの種子と苗作り
——奥会津の在来のナス作り

奥会津の只見《ただみ》町梁取《まちやなとり》に住む山内アヤメさんは平成二十四年六月で九五歳になる。アヤメさんは野菜作りに余念がない。春になると、種子を播いて苗を作り、その苗を知り合いにあげるのが大好きな人である。もちろん、苗を育ててできた収穫物を人にあげるのも大好きである。この年、私にもダンボール箱いっぱいのケンジ茄子とトマトなどが送られてきた。ケンジ茄子はその地域の在来の茄子である。

ケンジ茄子はこの地域の人たちが昔から作ってきた茄子である。平成二十二年の三月末、只見町の坂田を訪れ、飯塚恒夫家で「この地域に在来の作物の種子がないかしら」とおしゃべりしたところ、奥さんの孝子さんが即座にいったことは「ケンジ茄子だね。そのほかにはないねー」。そのほかに在来の作物がないわけではないのだが、ケンジ茄子はそれほど古くから栽培されてきた作物だ、という

アヤメさんのケンジ茄子と夏野菜（福島県只見町梁取）

ことだろう。隣の集落にある宿泊施設「森林《もり》の分校ふざわ」で「在来の作物にケンジ茄子というのがあるんだってね」と地元の人たちに話したら、「ケンジ茄子はね、とてもおいしいよ。やわらかくてね」とか、「ヘタのところに突起ができる茄子でね」とか、「昔から作っている茄子でね」といった具合に地元の人たちにとてもなじんだ作物であるようだ。縦に二つ割りにして切り目を入れ、油で揚げ、みそを塗ってスプーンでやわらかい身をすくって食べるのがよい。アヤメさんは「ケンジ茄子はね、やわらかくてね、みんなが喜んでいる。去年も新潟から買いに来た人がいてね、またほしいといって来た人もあったよ」という。この地は、新潟に近く、越後山脈を越えて来るには手ごろな小観光地である。なにしろ、戦後の高度経済成長を支えた田子倉ダムという当時東洋一を誇る電力ダムと越後山脈を眺望する景観を有しているし、渓流釣りのメッカである。昔から新潟と奥会津はなじみの深い地域である。

なお、梁取にはもう一つの在来の茄子ゼンジュウロウ茄子というのがあったという伝承もある。

南郷トマトの里と隠れトマト

ケンジ茄子の隣村はブランドトマトの南郷トマトの本拠地である。旧来の南郷村（現南会津町）で栽培を始めたので、その名がある。昭和二十年代にも自家用のトマトが栽培されていたが、京浜市場向けトマト栽培が行なわれるようになったのは昭和三十七年（一九六二）のことであった。昭和三十一年（一九五六）ごろから高冷地野菜栽培に取り組んできた旧南郷村の作物栽培条件の基本は、昼夜の温度較差が大きいという自然条件であり、そのことを活かすための野菜作りであった。そのなかで南郷農業改良普及所の指導で、木伏《きぶし》集落の土橋武吉さんたちは夏秋トマトである「ひかり」の試験栽培をし、好成績を得た。その後は都市化の波に乗るように順調に生産・販売を行ない、南郷トマト生産組合を中心に地域ブランドとして当地域の産業の主軸になってきた。収穫期が七月末から秋までというもので、関東のトマト栽培が終わる時期に当たるため、都市の消費者に喜ばれている。味が濃厚なトマトとして人気がある。

南郷トマトは南郷トマト組合の共同選果による品質確保を維持しているものであるが、実は、この共同選果を経ていない南郷産の隠れたトマトがある。木伏の馬場美光さんや星勝行さんたちが栽培するトマトは実においしい。共同購入して食べた消費者たちも「来年もこのトマト食べたいね」という。その秘密は自家製肥料にある。生ごみ堆肥による栽培がそれで、野菜などの生ごみ・くずと糠を発酵させ、その絞り汁による液体肥料を使うのである。各家の物置には液体肥料を絞るための桶が並んでおり、その桶の下方に付けられた蛇口から液体肥料が出てくる仕組みになっている。畑で食べさせてもらったトマトは手で半割にして、かぶりつくのがもっともうまい食べ方である。大きさがさまざまなトマト、またミニトマトも大、中、小とあり、その色も数種類ある。口に入れれば酸味と甘みと香りが立ち上ってくる。圧巻な味はマイクロトマトである。直径五㎜もない小さな粒が茎に音符のごとく上手に並んでいる。小さい分、味が落ちるかと思っていたら、そうではない。むしろ、大きなトマトやミニトマトよりも味が鮮やかである。サラダのつけ合わせにぴったりのトマトである。この自家製の生ごみ堆肥によるトマト作りは木伏営農改善組合の人たちが取り組んでいるもので、地域ブランドの南郷トマトで見えにくくなっていたトマト群とでもいおうか。

福島県金山町の赤カボチャ

奥会津地方に位置する福島県金山町には在来の赤カボチャが伝来しており、近隣の奥会津の地域でよく栽培されている。このカボチャの特徴は三点あって、一つに、交配しやすいので、ほかのカボチャの畑と遠くに離した畑に栽培しなければならない。同じように昔から栽培してきた緑色のカボチャとも交配するので、赤と緑の模様の表皮に成長する。二つ目に、ふつうのカボチャは一本から一〇個くらいずつの実がなるが、赤カボチャは三、四個しかならないので、効率が悪い。三つ目に、水分が多いためか長くおけないカボチャで、長期保存ができない。

赤カボチャは実に水分が多く含まれているので、ホクホクではなく、緩い味で食べやすい。甘みもあり、次にまた食べたくなると好評である。

ブナ林の里の雑穀栽培と食農教育

赤カボチャの実る金山町と隣接している只見町は広大なブナ林でも有名なところであるが、そのブナ林に囲まれた布沢川を擁している坂田集落が雑穀生産を再開したのは平成十四、五年くらいからのことであった。布沢川沿いの集落は狭隘な水田に山からの沢水を引いて稲作をしている。そのため生活用水が一切流れ込まない清流による稲作であるため、良質の米がとれる。この米に坂田産の粟、黍、モロコシと岩手二戸産の稗をまぜた「五穀飯」が筆者の毎日の飯である。研究会などにこの五穀飯を握って持って行き、試食してもらうと決まっていわれることがある。「この五穀飯の米は、糯米でしょう」と。糯米ではなく、粳米である。もちろん糯性黍の粘りがその食感の元であるが、糯米と間違うほどにうまい、弾力性のある粳米が坂田の米なのである。「五穀飯」はこの坂田の米八割に二割の粟、黍、稗、モロコシの四種類を基本にしたもので、ときには、兵庫県福崎町のモチ麦を入れたり、アマランサスを入れたりして炊いた飯である。

在来種の糯種のトウモロコシ（福島県只見町坂田）

布沢川沿いの水田はかつてそんなに多くなかったので、畑に粟や黍などを栽培していた。しかし、アジア・太平洋戦争後にはそうした雑穀栽培はなくなっていた。今より一〇年ほど前に刈屋洋子さんが栽培を再開し始めて、梁取純夫さん、飯塚孝子さんなども栽培するようになった。梁取純夫さんは昔に食べたモロコシの団子を食べたくなったので、刈屋洋子さんから種子をもらい、栽培するようになっ

アワブチ（粟の脱穀）をする梁取徳雄さん（福島県只見町坂田・仲村治撮影）

た。すぐに梁取徳雄さんも栽培し始め、粟や黍のドブロクも作り、雑穀を日常的に利用するようになった。梁取徳雄さんは斎藤政信さんたちと農業のかたわら、地域の廃校になった小学校を宿泊施設に改装し、そこでも観光客に雑穀の食品を提供するようになった。私が梁取徳雄さんと出会ったのも雑穀を栽培している人がいるから、と紹介してもらったからである。わが家の毎日の「五穀飯」は大半がここからの穀物である。

さて、都市の若い人、年配者、男女、子どもも問わず人気者である「五穀飯」が栽培地の只見町全体の学校給食になったのが平成二十三年の秋からである。月に一度の雑穀の飯は、生徒たちにもその親たちにも好評らしい。

さらに、平成二十四年には地元明和小学校の三年生の学習で雑穀の栽培をした。栽培の指導は梁取徳雄さんである。そして、十二月十二日の給食は収穫した雑穀の食事会であった。粟と黍とモロコシとアマランサスの五穀飯は「恵みごはん」と呼ばれ、おかずは家庭から持ち寄ったたくあんや野沢菜などばあちゃんの漬物であった。生徒は一人あて米一合を家庭から持っていき、それに自分たちが栽培した雑穀を加え、穀物のとぎ方から実習した。各家庭には当地特産にエゴマをまぶした「恵みのごはん」のおにぎりをお土産に持ち帰ったという。生徒たちには自分たちで栽培した雑穀で調理した「五穀飯」がとても好評で、楽しそうにおにぎりを持ち帰り、大喜びであったということである。この話は一年間雑穀栽培を指導した梁取徳雄・フキ子さん夫妻から聞いたもので、ちょうど同居する孫が小学校三年生で農と食の体験教育の対象生徒であったので、生徒たちの様子も具体的にわかった。

少し注釈めくが、当地域でのモロコシは粉にして団子にし、あんこの汁や肉汁に入れて食べていたもので、粉食する穀物である。米や粟、黍とともに粒で飯に炊くのは本土では行なわれていなかった。それを粟や米とともに粒食として食していた沖縄県の八重山の調理方式をまねたのが筆者で、学校給食の方にも「五穀米」を差し上げて、その由来やおいしさや栄養価についても伝えておいた。

また、平成二十四年には、坂田だけではなく、米どころの大倉集落でも雑穀栽培が始まり、「五穀飯」やモロコシ団子作りが始まっている。子どもたちにも喜ばれる五穀の恵みが確実に広がっている地域である。

越裏門の小豆は活きている

高知県いの町越裏門は傾斜地の多い村であるが、石垣を築いて畑にし、いろいろなものを栽培している。雑穀を作って、町で販売しているのは川村益子さんである。この集落も昭和三十年（一九五五）ごろまで焼畑をしていたところで、焼畑の主要作物と輪作の様子は、一年目稗→二年目小豆・大豆→三年目キビ（トウモロコシ）であった。大豆を除いた三作物が主食になる作物であった。

越裏門の小豆には驚かされることがいっぱいある。焼畑のころには小豆の種類は三種類あった。一つ目は今でもどこでも見かける小豆色の小豆、二つ目はナーサという小豆で、ねずみ色をした小豆で、ヤマ（焼畑）でよく作り、収穫もよかった。ナーサは粉にして食べると「コクがあってうまかった」という。三つ目は小豆の色が白など混じったもので、一本の茎に二色の色の小豆がなった。サヤの中では一色であった。

小豆の食べ方を聞くと、「小豆の粉《こ》があるから作りましょうか」と益子さんの言葉に「はい」と素直に返事をし、母屋に入り、ストーブの据えられた囲炉裏端《いろりばた》に座った。益子さんは茶碗のなかほどまで小豆の粉を入れ、その上に砂糖を入れていた。益子さんは「塩を少し入れないとおいしくないよ」といって、少々の塩を加えた。これに熱湯をかけて、かき回して出来上がり。同行の津野幸右氏とともにいただいた。とてもおいしかった。アンコそのものをいただいている感じである。津野氏は全部食べ終わってから食べた茶碗に湯を入れて飲み、茶碗をきれいにし

小豆の伝統食品チャノコを作る川村益子さん（高知県いの町越裏門）

た。この茶碗に残ったものをお茶や湯で灌《ゆす》いで飲んでしまうのが昔の一般的な作法であった。茶碗についている粒の形すらないものも腹に納めるのである。関東などの茶所では、茶で灌いで茶碗をきれいにするのであるが、私の郷里会津などでは、自家製の茶ができないため、茶は高級品であったから湯で茶碗をきれいにした。

さて、越裏門ではこの小豆の粉を練った食品をチャノコといっていた。チャノコは一般に間食の意味であるが、ここでは食品の名称にもなっているようだ。チャノコは食事の前に食べたもので、そうすると腹がふくれるので、食事、とくに主食の減り具合の補いに効果的なのである。つまり、穀物をできるだけ食べないようにする工夫で、これを「米カバイ」といい、庶民の知恵であった。益子さんの家では、この小豆の粉を高知市の日曜市で販売している。なかなか好評で、購入した人はこれを食べると「血糖値が下がる」ということであった。小豆の粉は、あらかじめ煎って粉にしておいたものである。

小豆は「祝儀物」——二六〇年前の記録『寺川郷談』は語る

春木次郎八繁則という土佐藩役人が書いた『寺川郷談』（宝暦元年・二年〈一七五一～一七五二〉）には高知県いの町寺川の風俗や行事、ふだんの食事などについての記述がある。それによると、「貧乏人は小豆ばかりを朝夕食べているが、これをアズキホウザといい、稗の混じったものをヒエモンガウという。来客があったとき、家の主が挨拶で、〝アズキホウザにヒエモンガウで何のもてなしでもありませんが、塩気を加えてゆっくり食べてください〟という」（翻刻　森本佳代『寺川郷談』）。注釈ではアズキホウザを「小豆飯」と記しているが、米など穀類に小豆を入れた飯ではなく、小豆一〇〇％の飯のことをいう。なぜなら、ヒエモンガウは「アズキホウザに稗の混じったもの」とあるので、ここからアズキホウザとは小豆だけの飯だということが理解できる。小豆だけの飯を現代の私たちが理解するのが困難かもしれないが、近代までの、あるいはアジア・太平洋戦争直後まで、穀物以外の「メシ」というものが全国各地であったことを考えると、「小豆だけの飯」があってもおかしくない。

小豆だけの飯がふだんの飯であるだけでなく、当地域における小豆の使い方はとても興味深い。たとえば、嫁を貰うときには仲人をたて、相手方に話を持ちかけるが、仲人は小豆二升を袋に入れて嫁の家に持って行くという。これを「祝儀物《しゅうぎもの》」と呼んで、嫁の家と貰い手の家とで「祝儀袋」をはさんで、やり取りをするのだが、最終的に仲人が「祝儀袋」をおいていけば、この結婚話は成立したことになる。小豆はそういう大切な、儀礼の決まりごとになくてはならない品物であった。正月には庄屋の家に村役人が挨拶に行くときにも袋に入れた小豆二升を持参する。対する庄屋は麻の上下（かみしも）に大小の刀を差した正式の姿で応答する。つまり、村人同士の正月の挨拶に使われるのも小豆である（同書）。先に記した「祝儀物」と呼ばれる理由がこのあたりにあると思われる。暮らしのなかで占める小豆の位置がどんなに大切なものか、このようなところからも見てとれる。

在来のトウモロコシのキビまんじゅうとハイヤキダンゴ

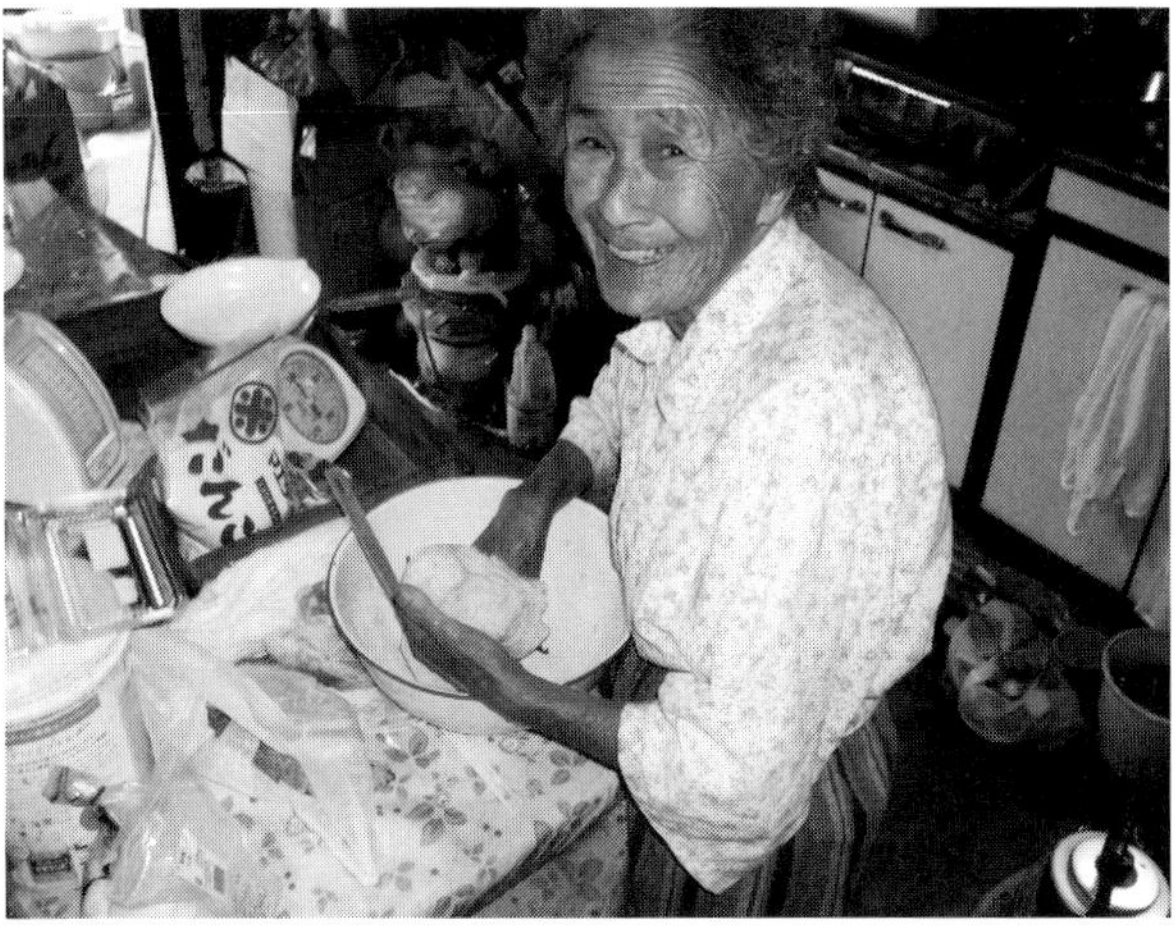

キビ（トウモロコシ）まんじゅうを作る伊東幸子さん（高知県いの町高薮）

キビまんじゅう（高知県いの町高薮）

高知県いの町高薮の伊東幸子さんは「キビまんじゅうを作ってあげましょうか、小一時間ほどかかりますけど」といって、すぐさま、キビまんじゅう作りに取りかかってくれた。キビまんじゅうはキビの粉に少し米の粉を入れて、湯でこねて蒸した物である。キビとは黍ではなく、トウモロコシのことで、この地域一帯はトウモロコシも主食の一部であった。トウモロコシを主食にする地域では、焼いたりゆでたりするのではなく、粉の食品にすることが多かった。粉にするには、現在のような粒の柔らかいトウモロコシでは粉にならず、在来の粒のかたいトウモロコシを乾燥させて石臼や水車で製粉してまんじゅうなどを作るのである。挽き割りにして、飯に炊くことも多かった。次は幸子さんの自製の、高藪の食生活を歌った唄である。

ダンゴ　ダンゴ
ハイヤキダンゴ
イロリあるなら本川へ
ヒエの飯なら
キビの飯
キビの飯ならタマゴ飯
タマゴ飯ならアズキ飯

焼畑で取れる主要作物の稗、キビ（トウモロコシ）、小豆を読み込んだ唄で、おいしさの順番を示したもので、まずいものからおいしいものまで順に並べ、最後に登場するアズキ飯が一番おいしいという唄である。このなかで歌われているハイヤキダンゴは、粉にしたキビをダンゴにしてイロリの灰の中で焼いたダンゴをいう。キビダンゴともいい、灰の中で焦げ目のつくほど焼いたキビダンゴは、なにもつけずに食べるものであった。香ばしくて、トウモロコシの甘みがあっておいしかったという。チャノコといって、食事の前や間食に食べた食品であった。キビのもう一つの食品は、「キビの飯」と「タマゴ飯」である。いずれも挽き割ったキビの飯であるが、タマゴ飯には「タダマイ」といって粳の米を少し入れたもので、黄色のキビの色を卵に見立てたもので、子どもたちはタマゴ飯を大層喜んだ。この唄によれば、そのタマゴ飯よりもうまいというのが、アズキ飯であるという。アズキ飯は稗に炊いたアズキを入れた飯をいう。

先述した『寺川郷談』にある小豆一〇〇%の飯の存在が本当であることがわかってくる。寺川と高藪は同じ山並みではあるが、一筋谷が違うだけの、同じ食文化圏にある。

一つの株にいろいろな色の豆ができる

高知県いの町越裏門では焼畑で作る小豆に、白などの色が混じったものがあった。一本の茎に二色の色の小豆ができたのである。サヤの中では一色であった。先述した山梨県の西原でも色が混じって実るヨッテミナという名の小豆があった。

熊本県五木村にもそういういくつもの色の豆がなるインゲンといおうか、小豆といおうか、不思議な豆があった。ナンバという名称で、蔓《つる》性で、小豆より小さかった。白い豆、赤い豆、半分が赤い豆、いろんな形の縞模様の豆もあり、多色の小豆であった。皮が堅いのが特徴で、漉《こ》し餡《あん》にして使ったという。このナンバは種子が継がれていて、栽培している人がいるという。

「先祖の麦」柳久保小麦の復活

柳久保という品種の小麦は、東京都東久留米市の柳窪で栽培されていた小麦で、多摩地方では有名である。「柳久保という小麦」を話題にすると、決まって「昔、よく作ったよ。ただ、収穫が少なくてね。背丈が高く、風にやられてすぐ倒伏するし。だけど、食べてはうまかったよ」という答えが返ってくる。その柳久保小麦が復活したのである。平成二十二年（二〇一〇）の麦の収穫を見学させてもらい、「柳久保小麦の会」の高橋重雄さんに話をうかがったが、多くは高橋重雄さんの「柳久保小麦」（『多摩のあゆみ』第一三六号、たましん地域文化財団）を参考にした。そこには次のような話があった。

「嘉永四年（一八五一）に奥住又右衛門が旅先から持ち帰った一穂から広まった小麦で」、一般に小麦の背丈は七〇㎝前後であるのにたいして、一二〇㎝から一四〇㎝にも伸びる背丈が特徴であった。倒伏しやすいので栽培には不利だったが、長い背丈のおかげで屋根材に適していた。水田稲作が少ない多摩地方ではわら屋根の材料に麦わらを使っていた。収穫量はほかの小麦の三分の一といわれ、アジア・太平洋戦争中の食料難の時代には、食糧増産政策に適合しない作物のため、栽培が途絶えた。昭和六十年に又右衛門の子孫である奥住和夫さんが、柳久保の種子を保存していた農林水産省生物資源研究所から種子を譲り受け、栽培を開始した。奥住和夫さんの柳久保小麦の栽培復活の契機となったのは、自宅を新築したときに母屋の屋根に使われていた麦わら屋根のなかに柳久保小麦の穂を見つけ、先祖の麦ができるかと思い、畑に播いたが発芽しなかった。なんとか栽培をしたいと思い、人づてに農林水産省生物資源研究所に種子があることがわかり、分けてもらった。そのときの条件は、

「四〇グラムの種を試験栽培すること、他に種を出さない約束」であった。

柳久保小麦は、平成十五年（二〇〇三）から柳久保小麦の会が発足し、栽培されている。その目的は、町の活性化の一つに「柳久保小麦の伝承」があげられている。つまり、「町の活性化と伝統農産物」の継承が目的で、東久留米市と連携し、小学校の生徒たちの体験学習と食につなげると同時に、昔からのうどんだけでなく、まんじゅう、パン、かりんとう等々にも商品化され、町の商業界の活性化も見られるようになった。市域のJAみらい直売所で柳久保小麦の粉を販売しているので、消費者はクッキー、サーターアンダーギー、クレープ、おやきなど自家用小麦粉として使用している。ほかの小麦粉に比べて、小麦粉の成分であるグルテンが三倍もあり、「菓子作りに向いた小麦粉」であるという。

柳久保小麦の復活に伴ってもっとも貴重な考えは、復活に貢献された奥住和夫さんの「先祖の麦ができるかと思い」に象徴されるように、先祖が栽培していた伝来の柳久保の種子を受け継ぎたいという心持ちである。地域に活きた作物の継承はその地域の歴史と文化の継承である。単なる「おいしく食べる小麦粉」ではなく、地域の人たちが営々と育んできた農の技術とくらしの文化の結晶である。それが「先祖の麦」なのである。奥住和夫さんの麦にはそのような意味が込められている。さらにいえば、奥住和夫さんの「先祖の麦」の心持ちは「柳久保小麦の会」の趣旨にある「伝統作物の伝承」に「農はどんなに厳しい制度の中でも土地と一緒に生きてきた」との言葉にいい表されており、「この東京で農を継承し、次世代へ伝えようとし」、「市民の喜ぶものを作る」ことにつながっている。けって、地域の伝統的作物は「地域資源」であったり、「経済効果」を地域にもたらしたりするといったモノ、カネにみられる「経済性のある物質」だけではないのである。

これまで小麦粉をふだんに使いながら、外国産であるのか、国産なのかについて、それほど関心を払ってこなかったのは私だけではないだろう。国産が極度に少なく、輸入食料が多いのは小麦粉と大豆といわれている。この事実を国民が知るようになり、小麦栽培が各地で見られるようになった。

小麦生産の復活と懐かしい食べ物——ゆでまんじゅうと手打ちうどん

しかし、輸入小麦の多さに気づいた農家が小麦栽培を始めたこととは別に小麦を栽培していた人たちは存在していた。ここでは東京都昭島市の宮岡和紀さんが栽培した小麦粉の話を追ってみたい。

宮岡和紀さんの小麦粉に出会ったのは、同じ昭島市に住む渡辺公正さん経由であった。渡辺公正さんが、妻の元子さんが作ったもの、ということで、「ゆでまんじゅう」をある研究会のみなさんに配られ、私の元にやってきたのである。「ゆでまんじゅう」は多摩地域の農家ならどの家でも作る名物である。多摩地域を何十年も歩いて農家の食文化について聞いている私は「ゆでまんじゅう」を食べたのは一度だけで、羽村市羽西の下田家でいただいた。忙しい農家で少し暇ができて、モノビのようなときに作るまんじゅうである。

一般のまんじゅうは発酵させた生地のなかに餡を入れて、蒸したものである。これは発酵させる手間がかかるので、ハレの日などに作るもので、ふだんに作るものではない。念のために多摩地域で作る発酵したまんじゅうは、酒まんじゅうで、夏の盛りにドブロクを作ってその上澄みで小麦粉をこね、寝かせて発酵させたまんじゅうである。小麦の収穫を終えたときに収穫のごちそうとして食べ、体を休めることも兼ねていたもので、栄養補給の意味もあった食品である。それに比べて、「ゆでまんじゅう」は発酵させずに、生地のまま餡を包み、文字通り茹でるのである。手間がかからない分、気軽に作ることができる。ゆでまんじゅうの特徴は生地のおいしさにあると思う。発酵した生地とはちがって、小麦粉のシコシコした歯ごたえがおいしいのである。

渡辺元子さん手づくりの「ゆでまんじゅう」は私の味好みを満たしただけではなく、以外な方向に話が進んだ。この「ゆでまんじゅう」の材料は地粉であることがわかり、渡辺さん夫妻にうかがうと、昭島市の宮岡和紀さん栽培の小麦粉であるという。それで渡辺ご夫妻にお願いして農繁期の最中、宮岡家を訪れたのである。宮岡和紀さんによれば小麦粉は農協に出して販売しているという。農協の催す市には在来の種子による地元産の野菜がいつも並んでいるので、そんなに珍しいことではないらしい。

地粉の味あれこれ

私は各地栽培の小麦粉を手に入れてホットケーキにして手軽に食べているが、そういう小麦粉を食べていると、病みつきになり、少しずつ味の違いや特徴がわかってくる。その一つが石垣市の高嶺方祐さんの作った小麦である。品種は地元の人たちの人気が高いサイタマーで、腸内細菌を増やして健康によいとされるフスマも入っていておいしい地粉である。東京都杉並区の沖縄タウン内にある八重山家庭料理店「たきどぅん」で、八重山の食材による伝統料理会を開催し、この高嶺方祐さんの小麦粉を使った八重山でいうサトウテンプラ、あるいはサーターハンピン（沖縄本島ではサーターアンダーギーという）を作ってもらったところ、料理人の崎原さんが絶賛した粉である。崎原さんは以前、製パン関係の仕事をしていたので、小麦粉について詳しいうえに、品質について厳しい目をもっている人である。賞味した客も称賛の一言であった。

熊本県五木村の松永チツ子さんが作った小麦粉は、在来作物とはいえないもので、地元の農協から購入した種子によるものである。しかし、そのおいしさは格別であった。ビニールの袋に入った状態でもその柔らかさがわかり、ホットケーキにしたときの柔らかい感触があまりよいので、これはホットケーキではもったいない、と思い、慣れない手つきで手打ちうどんに挑戦したところ、これもおいしいものができた。この小麦粉について、地元五木村の佐藤正忠さんに話をうかがうと、栽培している場所は五木村でも高い地域で、標高七、八〇〇mくらいあり、そのため朝晩の寒暖差ができる地域だから、ソバなどもおいしいものができるということであった。

福島県南会津町南郷地区の木伏農事組合製粉所では星勝行さんが中心になって小麦粉の製粉をしている。小麦の精白・製粉の作業を上手に活かしたフスマ利用が特徴である。この地域は冬の寒さと二mにもおよぶ積雪の多さで麦作に適しておらず、昔もわずかしか生産されていなかったが、二年前から福島県の推奨品種である「ゆきちから」を自家採種も含めて栽培し、製粉して販売している。その小麦粉は精白した粉とフスマ部分の粉を別々に袋詰めにして販売している。フスマが取れるのは小麦粉の三分の一程度の量である。別々の袋入りなので、フスマ入りの粉を使いたい人は配合も自分流に行ない、自在に食べることができる。調理すると色が茶色になり、団子汁にしたら「肉団子」と見間違うほどの色である。しかし、精白の小麦粉よりも味が出てくるのでこれを好む人もいる。天ぷらのコロモやホットケーキに使っても穀物の甘さが香ってきておいしい。麦類のフスマは有用な腸内細菌を増やし、整腸の元になるものである。大麦の飯が主食であった時代にはこのフスマ入りの麦飯によって長寿の地域が形成されていた。フスマを加えた食生活は「心筋梗塞、肥満、便秘、腸ガン等を予防し得る」という（古守豊輔『長寿村・短命化の教訓』樹心社）。現代ではこれを捨ててしまい、食材ととらえていないのはもったいない話である。

近世伝世のノラボウ

ノラボウとは東京都の西部から神奈川県東部、山梨県東北部、埼玉県南部を中心に栽培され、人気のあるアブラナ科の野菜である。一見、菜の花と見間違う菜っ葉で、春になると、ノラボウの花があちこちに咲き、近在の農家の食卓にも並ぶおなじみの野菜である。農家の直売所や町のスーパーの近在産直農家のコーナーにも並ぶので消費者も食べる機会に恵まれている。

地域の農村地帯に歩くと、ノラボウが盛んに話題になる。話題の中心は、「自分の家のノラボウは原種だ」ということに集約できよう。原種であるかどうかを決めるのは、本当はむずかしい。私のような素人には原種の根拠になるようなことはまるでわからない。ここで紹介するのはあきる野市五日市のノラボウで、あきる野市の樽良平氏の「五日市特産の〝のらぼう菜〟と地質・地形」（たましん地域文化財団『多摩のあゆみ』第一三六号）を参考にした。

あきる野市小中野《こなかの》には、明和四年（一七六七）、幕府代官・伊奈備前守忠宥が小中野の名主森田某に宛てた文書が現存する。また、同じ文書が青梅市新町、埼玉県秩父郡大野村にもある。当該地には子生《こやす》神社境内にその経緯とその後のノラボウの地域的発展の顕彰碑が秋川の自然と文化を護る会によって建立されているので、それを参考に概略を記してみよう。

明和四年に代官の伊奈備前守により、地元名主代表である小中野四郎衛門、網代五兵衛に命じて、引田、横沢、五日市、深沢、養沢、檜原等十二ケ村にノラボウ菜の種子を配布して、栽培法を授けた。秋に植え付け、春の食糧不足となる端境期に新芽を賞味するとよいといい、天明年間（一七八一～一七八九）や天保年間（一八三〇～一八四四）の大凶作時には地域の人たちの飢餓状況を救ったと言い伝えられている。樽良平氏によれば、代官が「関東山地東側の村々の名主たちに〝闍婆菜《じゃばな》（ジャバナ）〟の種を配り栽培法を授けるという、今でいえば村おこしにあたる政策を実行した」（同書）。「闍婆菜」とは代官から名主たちにあてた文書にある言葉で、「闍婆」とはジャワのことで、そこからの伝来の菜であろうという。このように東京都の近在の多く広まったノラボウであるが、土質を選ぶことで本来の味が保たれたこと、ほかのアブラナ科の作物との交雑が避けられた盆地である五日市地方に良質のそれが伝世したという。とくに、五日市の谷沿いの集落である樽は大風も吹きにくい場所であり、ほかの作物と交雑させないように離れた畑にノラボウを栽培して、種子を取り続けている。もちろん、無農薬栽培で、太陽が十分にあたる地域である。

なお、ノラボウはお浸しなどのようにして食べるものとばかり思っていたが、神奈川県川崎市の高橋孝次さんは、ノラボウの種子から油を絞り、食用油にしたという。埼玉県飯能市の野口種苗研究所の野口勲さんは、その著書でノラボウについて「製油用にも〝のらぼう〟を」と書いている。その理由を、現在の日本には、遺伝子組み換えされたナタネがカナダからたくさん輸入されて食用油や工業油になっているが、それよりも休耕田を利用して、日本にある菜っ葉で油を採ればいいのではないか、といい、「危険な遺伝子組み換えのものを食用にするよりも、ナタネがたくさん採れる〝のらぼう〟をもっと広げていれば、国内産でそういった油をまかなえるかもしれません。なんといっても江戸時代には、もともと油を採るために配られた野菜なのですから」(『いのちの種を未来に』創森社)。そういうことならば、川崎市の高橋孝次さんがノラボウの種子から油を採っていたというのは、江戸時代から続いていた伝統的なノラボウの利用の仕方であったわけである。

活き続けるエゴマ

近年エゴマが東北地方や岐阜県などで生産され、油を絞って製品化し、販売している。

まず、福島県の只見町で生産されているエゴマの今昔をみてみよう。只見町は尾瀬を水源とする伊南川沿いの奥会津に位置する地域である。近年、只見町の家々の食卓には、エゴマの製油が小さなビンに詰められて並ぶのが常である。ビンのラベルには製造元「只見農産加工企業組合」の名に加えて、製油を依頼した農家の名前が入っている。つまり、この地域の農家は自家用にエゴマを作り、エゴマとして食べるほかに、「只見農産加工企業組合」に製造してもらって、自家ブランドのエゴマをも食べているわけである。この組合では、エゴマの商品として、①エゴマの実、②エゴマ油、③エゴマの

ソバ粉の伝統食品ハットウ（福島県只見町坂田）

ドレッシング、④エゴマ葉っぱ味噌の四品である。ドレッシングもエゴマの葉っぱ味噌もおいしい。エゴマ油はもちろんであるが、ドレッシングも生野菜にかけて食べるのだが、エゴマの最大の特徴は、食べてもサラッとしており、特有の油っぽさがないことにある。市販のドレッシングを食べないで生野菜に塩を振りかけて食べる人でも、エゴマ油も、エゴマのドレッシングも好んで食べるようになり、「これなら食べられる」と満足する。油として「後くされ」のない油であることが理由であろう。

　さて、エゴマは奥会津ではジュウネン、山形県の米沢地方ではシロアブラといっていた。東北地方で現在もよく作られているエゴマは在来の種子で、しかも粒の色や形の大小もある。只見町のエゴマも白いものと黒いものの二種類あり、味は変わらない。私が子どものころ、赤飯にかけていたのはゴマではなく、擂《す》り潰《つぶ》したエゴマであった。念のためにいえば、エゴマはどんなに煎っても擂り潰さないと香りがたたない。擂り潰したエゴマは最高に香りが広がる。和え物もゴマの代わりにすべてエゴマであった。奥会津の名物のひとつにハットウがある。これはソバ粉を主食材として捏《こ》ね、伸ばして菱形に切り、茹でて擂り潰したエゴマに砂糖と塩で味をつけ、まぶして食べる。昔はソバ粉一〇〇％で食べたらしいが、それではかたいので、現在は米粉を入れるのでとても舌ざわりもよく、人気商品である。一説に、ハットウとは、昔、殿様が食べて、あまりにもおいしいので、庶民が食べるのを御法度《ごはっと》にしたところからその名があるというが、ハットウの本来の名は、粉をハタキモノと呼び、それを材料としたところからなまってハットウと呼ぶようになったのである。

さて、エゴマは中世において盛んに栽培された記録がある。「荏胡麻は、菜種が栽培される以前まで油の原料であった」（木村茂光編『日本農業史』吉川弘文館）。もちろん、この油は都市化されていく京都や奈良の町で灯りの油として消費されていった油である（木村、同書）。

江戸時代になっても各地で生産されたエゴマも灯油として使われた。東京都立川市の幕末の名主日記『公私日記』には毎年大量の「荏胡麻」を生産していることが見える。これを農村に持っていき、油に精製してもらい、灯油にした。江戸時代にはまだ電燈もなく、行燈や燭台の油に使い、灯りとりにした。江戸の町だけでなく、江戸近郊の農村地帯でもすでに灯りとりに使っていたことがうかがえる。

最後に、エゴマの油の知られざる栄養価値について述べよう。石垣市に住む栄養・食品学の専門家である糸洲朝英さんとエゴマの話になったとき、私はエゴマのおいしさ、食感をオリーブオイルに比したらどうか、と提案したら、糸洲さんがいうことには「エゴマはオリーブオイルよりもずっといいですよ。エゴマはアルファリノレン酸をたくさん含んでいる。このアルファリノレン酸は体内ではできず、食品からしか摂取できないもので、人の体に欠かせない必須脂肪酸です。それにたいしてオリーブオイルにはアルファリノレン酸は含まれていないので、エゴマを食べることでそれが摂れるというとてもよい食用油です。癌や動脈硬化、脳梗塞、視力障害、アレルギーなどの病気にも有効な力をもっています」ということで、何も知らなかった私はびっくりした。ゴマなどという当時ぜいたくな食品ではなく、地域でずっと作り続けられ、人が食べ続けてきたエゴマ。近年になってようやく、栄養価値も認められ、都市の人たちにも好まれるようになった在来作物の典型といえよう。

学校給食になった東光寺大根

東光寺大根は東京都日野市東光寺に産していた在来のダイコンである。地元の生産者の話として、東光寺大根は練馬大根の種子を行商の人が東光寺に売りにきたことから栽培が始まった、と言い伝えられている（東京都日野市立東光寺小学校編『地域と学校をつなぐ食育』三省堂）。東光寺大根は太くて長いダイコンである。とくに長さは一m余にもなるという。近くには八王子市高倉町に在来の高倉大根が栽培されており、二つのダイコンは、近代の八王子市や日野市の繊維工業で働く人々の食事に欠かせない漬物に加工されていて、その需要は大きなものであった。

ここでは現地である日野市の東光寺小学校で行なわれている農業体験と食育教育の提携の例を記しておきたい。学年に合わせて作物を作り、それを食材として給食で食べるのである。地元産の農産物を東光寺小学校の給食に用いられるようになったのは昭和五十八年（一九八三）であったが、そのうちに学校の近くで行なわれていた田植えを見学することになり、さらに、タマネギの収穫体験が四年生に取り入れられた。このように、生徒たちが毎日食べる米を最初に、学校全体で農業見学から農業体験へと発展していった。一、二年生はトウモロコシの話と皮むき体験、三年生はタマネギの話と種子播き、四年生でタマネギの話とタマネギ収穫、日野産大豆のさや出しと選別、豆腐作り、五年生で糯米作りと収穫祭、六年生でキウイフルーツの収穫と全校生徒で生産体験に取り組んでいった。次に取り組んだのが日野市の特産である東光寺大根のたくあん漬けである。生徒たちにたくあんの話をすると「臭い」という答えが返ってきた。それを聞いた教師たちはとても残念に思い、発酵食品である糠《ぬか》漬けのたくあんは日本の食文化の典型であるからと、農家に依頼して、畑でダイコンを抜き、たくあん作りに挑戦するように指導した。平成二十一年（二〇〇九）では東光寺大根の種子播き、間引き、収穫、乾燥、漬け込みの体験を行なった。漬け込んだたくあんの桶はわざわざ小学校内におき、「臭い」といっていた糠の発酵の香りにも慣れるようにした。そして「とてもいいにおい」というまでに生徒たちの食にたいする感性が育ってきたという。もちろん、このたくあんは給食に提供されて生徒たちの口に入るのである。ほかにも「日野産大豆プロジェクト」を作り、生産者と学校だけでなく、市民、大学生、行政、調理員、栄養士も参加して地元の豆腐屋さんに指導してもらい、給食に用いている。

東光寺大根という在来の作物を例に、地元農家と学校、生徒がいっしょに作物を作り、食品加工して自分たちの給食にしているわけである。こうした例はほかの地域にもあるだろうが、成功の秘訣は、学校だけでなく、生産者と農協、行政それぞれの立場からの話し合いが基礎にあり、長く継続していくことを軸に活動をしてきたことにあろう。その年月は平成二十一年で二六年の積み重ねがあったと聞く。現在流行りの「食農教育」という言葉さえない時代からの地域の農産物と学校教育の連携という発想であった。希少価値になっている東光寺大根という在来作物を活かした教育は、子どもたちに「農」と「食」にたいする日常の食事の基本、大切さを育んでいることだろう。

首の長いカボチャとヒョウタン——八重山

ヒョウタンと首の長いカボチャ。その二つとも栽培しているのは、沖縄県石垣市の崎原毅さんである。沖縄の特産品であるシーカーサー栽培などをしているが、あるとき「在来種ということでは、オレはヒョウタンとカボチャを栽培しているよ」と崎原さんがいう。以前からヒョウタンを栽培したかったけれど、在来の種子がないので、探していた。そしたら、近所のあるおじいさんの家で栽培しているのを見つけた。だけど、種子を分けてもらう前に、その人が亡くなってしまった。でも、次の年にもその家にはヒョウタンが下がっていたので、その家から種子を分けてもらったのだという。在来のヒョウタンの種子を栽培しながら、受け継ぐことになるので双方とも喜ばしいことであった。それ以来、毎年、栽培しているが、誰も買わないし、食べもしないと崎原さんは嘆きながら、それでも作り続けている。夕顔を冬瓜《とうがん》とか、ユーゴとか地域によっていろいろな呼び名があり、夏の食べ物として賞味するのはよくある。しかし、ヒョウタンを食べるという話は初めてである。

福島県の奥会津では夕顔はユーゴ、ヒョウタンはフクベと呼び、区別している。フクベは焼き米の入れ物という認識しかない。焼き米とは稲の種子を播いたあとに残った種子籾の荒皮をとってから煎った米で、播種の儀礼に神様や水口に供え、その残りを子どもたちはフクベに入れてもらい、首から下げてフクベの口に直接自分の口をつけて食べるものであった。どの子どももフクベを首からさげて遊んでいた。食べ物のない時代の、とても忘れられない食べ物なのであった。だからフクベは空《から》ばかりの入れ物として接しているわけで、食べ物という認識がなかった。しかし、崎原さんはヒョウタンの中身も食べるものだというのである。

次はカボチャの話で、崎原さんの栽培しているカボチャは石垣島の在来のもので、昔はどの家でも作っていたけれど、今、作る人は少ない。現在のカボチャと味がまるで違うからだ、と崎原さんはいう。自分が作って一個一〇〇円で売っても売れない。知り合いにあげようとしても、相手は迷惑そうな顔をするという。どういう味かと問うと、水分が多くて、ビチャビチャのカボチャだという。今、私たちの食べるカボチャはホクホクして、栗かサツマイモかと思うようなカボチャが多く、それが好まれている。この話を聞いたのが平成二十二年の二月末であった。その後、六月中旬に東京都三鷹市の講演会で、先述した飯能市の種子屋野口勲さんが次のような話をした。現在みんなが食べている、あるいは好んで食べているカボチャはホクホクしているもので、これは西洋カボチャの系統のものである。もともと日本にあったカボチャ、原種は水分が多いものだった、と。水分が多いといっても、どの程度かわからないが、石垣市のカボチャを思い出した。ホクホクした味に慣れてしまった現代の人が見向きもしない石垣島のカボチャは日本の伝統的カボチャであった。

在来作物の種子をめぐる八重山の人々①カボチャ祭りを

石垣島や西表島やほかの離島地域を八重山というが、この地域で在来の作物の種子を収集・保存して、栽培を普及しよう、という趣旨のもとに八重山食文化研究会を作ったのが平成十八年（二〇〇六）である。いろいろな農業をしている方と知り合い、沖縄料理・八重山料理として知られていない伝統的な家庭料理がたくさんあることを教えられたからである。会員の農場見学や農業体験、試食会などを行なってきた。伝統的な料理については黒島《くろしま》の島仲和子さんと石垣市の小濱勝義さんに教えてもらうことが多い。とくに、島仲和子さんの家には泊まりこんで料理を教えてもらった。そのなかでほかの島では聞くことができなかった小麦粉の揚げ菓子マガレや黒島風手打ち焼うどんであるキラマンギなどは地元の食材を活かした絶品である。

在来種のカボチャのいろいろ（沖縄県石垣市の市場）

さて、崎原毅さんが作っていた在来のカボチャの話をあちこちでしゃべっていると、昔のカボチャは今も作っているよ、という人に出会った。平成二十二年十月初旬に八重山に訪れたとき、石垣市の小濱勝義さんから「首の長いカボチャ」の種子をいただいた。小濱さんはなにもいわなくとも在来の種子を封筒に用意してきて、私に預けてくれた。このときの八重山訪問の最終日、国府方せい子さん、宮城利さん、石垣直子さんたちと会い、在来のカボチャの話が出たさい、仲間があちこちの島で作っているので、それほど珍しい話ではない、というのである。そうすると、いろいろな種類のカボチャが栽培されているかもしれない。

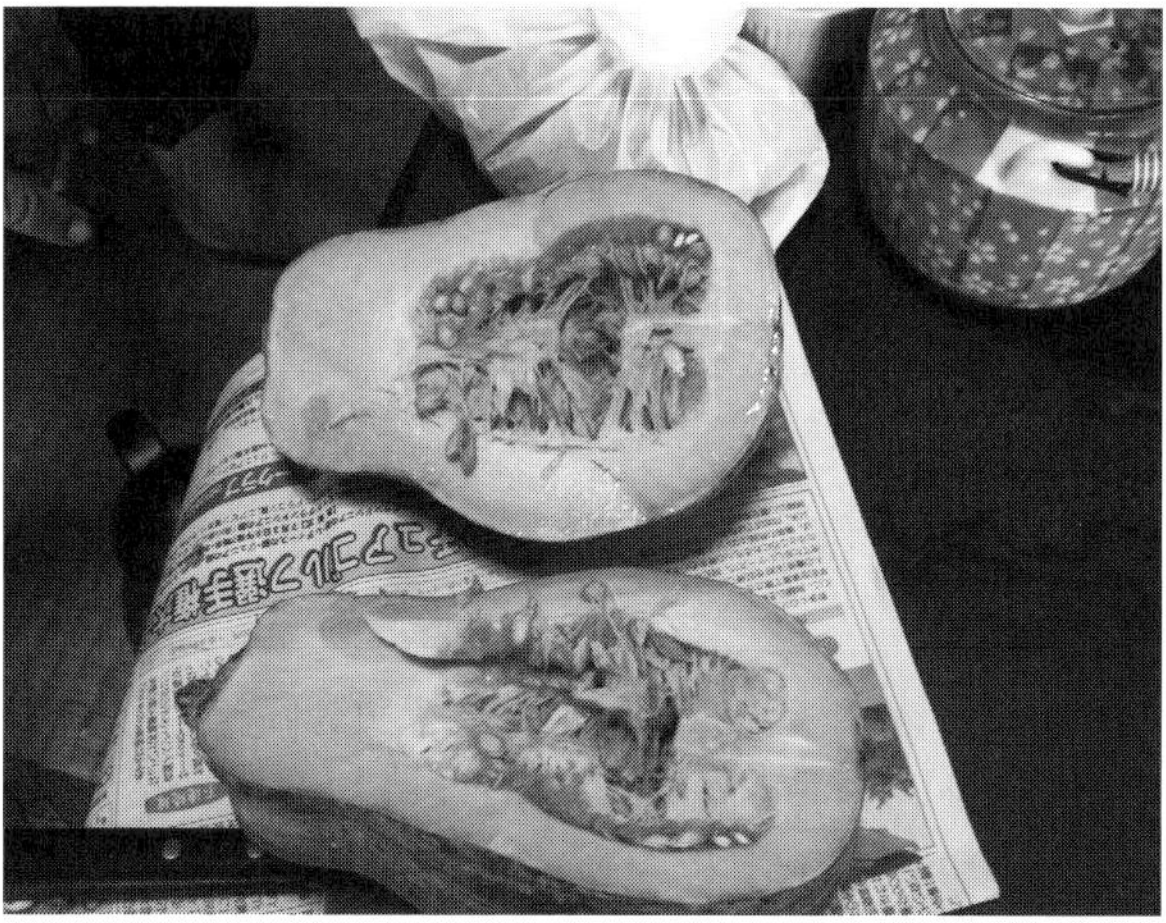

在来種のカボチャ。品種はモッカ（沖縄県竹富町黒島）

　小濱勝義さんからの首の長いカボチャの種子は国府方せい子さんと石垣直子さんが自家菜園に播いてみるという。二人ともこの種子をもらったので、一〇〇円ずつ種子基金に募金した。「ただでもらった種子は芽がでない」のでは困るからである。考えてみると、首の長いカボチャとヒョウタンの形、どこか似ているのではないだろうか。

　平成二十一年の六月に黒島を訪れたとき、先に記した島仲和子さんの畑で作物の写真を撮ったのがある。その中の一枚にカボチャが写っている。それを見ると、このカボチャは縦に長い。カボチャのイメージは横に長いというか、横に丸いとばかり想像していたのだが、首の長いカボチャの次は、縦に長いカボチャにお目にかかったわけである。このカボチャは本土で見る丸い横長のそれの二倍はあるだろう。島仲和子さんの話によると、石垣島で実を買い、それを食べたのち、種子を採って三月に播いたのだという。六月にできるというから、すでに生長していたはずである。このカボチャの名前はモッカといい、昔から作っていたという。一般に、八重山では三月、四月に種子播きして六月に収穫するカボチャを一期カボチャで本来の作り方である。それにたいして十一月に種子播きをするのを二期カボチャだという。八重山の生り物《なりもの》を作る原則は春に播いて、六月ころに収穫するという。そうすると台風が来る前に収穫できれば、被害に遭わないですむ。台風に遭わないで収穫できるように気を配るのはどの作物にもいえることで、そのことが一年間の食料を保証するのである。

平成二十二年十月下旬には熊本県の五木村を訪問したら、「首の長いカボチャ」の話がでた。ここでも水分の多いカボチャとして登場した。五木村の山村池子さんは「このカボチャは味噌汁の実にしたりてんぷらにしたりするとおいしい」という。

私は、来年在来のカボチャの収穫期六月か七月に「カボチャ祭り」をしたい、と提案した。これだけいろんなカボチャに出会えるなら、水分が多かろうが、首が長かろうが、長いカボチャであろうが、食べてみないことには何も始まらない。崎原毅さんは「食べてくれる人がいるんなら、なんでもするよ」と大きな笑顔でいっていた。

在来作物の種子をめぐる八重山の人々
②アジア農耕文化に連なるイモの話

平成十六年の暮れ、沖縄本島の北部の村々を歩いていた。安波《あは》という集落は本島北部の東海岸にある。ここでソテツを食べる文化を聞いて歩いていたのである。本土の人たちに「ソテツ」というと、反射的に「ソテツ地獄」という言葉が返ってくる。「ソテツ地獄」という言葉は、ある時代の、ある地域での社会的状況をいい当てている一面をもっているが、沖縄のソテツ食文化の実態をいい表わしていない。ソテツを日常食として食べてきた人たちは今もなお健在で、「オレたちはソテツで中毒したことなんかない。アクヌキのやり方を知らない人たちが食べて中毒死したのだ」という。現在でも八重山ではソテツの実を採取してきて、アクヌキして毒性を抜き、食べている人が何人もいる。

それはさておき、イモの話である。安波の当時九〇歳以上のおばあさんとの問答である。毎日の食料を聞いていたときのこと。

増田「イモというのはサツマイモのことですよね」と念のために聞いたら

話者「イモはカライモのことだよ。なんでサツマイモというかね。イモは唐《から》の国から来たからカライモというよ」

名回答である。ここは本土のサツマイモの呼び名の由来になった薩摩《さつま》の国よりも南の国だ。まだイモが薩摩の国を通過する前の地域である。沖縄県にはサツマイモという名称のイモはないのである。ではなんと呼ぶか。このおばあさんのいうとおり、カライモ（唐芋）というのが一般的である。トウ

蔓挿し法で栽培したサツマイモ。在来種のミヤナナゴ（沖縄県竹富町黒島）

ノイモ（唐の芋）ともいう。しかし、八重山に行くと、島ごとに違う。石垣島ではアッコン、竹富島ではンとかアッコン、黒島ではウン、宮古島ではンという。平成二十二年の秋、熊本市の繁華街に野菜などの露天の店が出ていた。ある店で「唐芋」という名前でサツマイモを売っていた。薩摩の国を通過しても、なお、カライモが通り名であるらしい。

沖縄ではイモの品種改良がとても盛んで、多くの品種がある。ここで話題にしたいのは、同じ畑で何年も継続して栽培する方法についてである。これは蔓挿《つるさ》し法というが、黒島の人たちはティーナリという。蔓で延びる生り物という意味である。石垣市ではサツマイモをアッコンというので、蔓から生えてきたイモをティーナリアッコンという。蔓が延びたら、蔓の先端部を土の中に挿しておけば、蔓の芽があるところから生長して「芋の塊り」になるのである。本土のように芋の苗を春に作って植える必要がない。蔓を挿せば、ドンドン延びていき、イモもなる。さらに、サグリボリという方法で収穫する。イモが生長して大きくなると、土を持ち上げ、イモの生り具合がわかる。ハノシという鉄の掘り棒で大きいイモは掘り、小さなイモはまた土に埋めておく。この小さなイモは日にちがたてば、そのうちに土の中で大きくなる。掘るときに蔓の先端を埋めておき、草取りもする。畑からイモがなくなることはない。一年中どころか、三、四年は同じ畑で作り続ける。このティーナリでできるイモは品種が限られていた。ミヤナナゴ、ユークラガー、トウウン、百号（沖縄百号）、ミイマタイモなどがそれである。アジア・太平洋戦争後にバイラス病がはやり、イモが全滅したときがあり、それ以後病気につよい品種のイモに替わり、こうした蔓挿し法でできるイモの品種は途絶えていた。

しかし、このイモを蔓で栽培していた人がいた。島仲和子さんである。和子さんの実家の裏の二坪ほどの小さな畑にできたものを掘って食べていた。栽培という人為的な行為と意識は多少加わるのだが、ほとんど放りっぱなしでできたイモである。品種はミヤナナゴで、食べるようになってから平成十五、六年ごろには九年ほどたつという。つまり、このミヤナナゴはアジア・太平洋戦争直後に栽培されていたときから絶滅せずに、どこかの土の中で活きていたものらしい。それが芽を出し、蔓が延び、イモをつけたようだ。栽培していたときは三、四年続けて作っていても畑全体のイモを掘り、蔓も葉も取り去って、別の作物を作ったのだが、この畑は九年間もそのままミヤナナゴを作り続けていたのである。そのように蔓を挿し、草取りをすれば、イモはできたのである。

私は平成十五、六年ごろにこの蔓挿し・サグリボリの栽培法を教えてもらい、混作とともにアジア農耕文化の一環であると報告した（「竹富町黒島のサツマイモ栽培文化考」『民具マンスリー』第三七巻七号）。その後、日本の作物栽培には見られない方法なので、和子さんにはずっと継続して栽培してもらい、種子イモを切らさないようにしてもらっている。また、蔓を切り取って石垣市の大原恵子さんやほかの方に栽培を依頼した。平成二十三年には當山善堂さんと国府方せい子さんにお願いした。こういう伝統的な栽培法を継続していくためには、それに合う品種が必要である。先述したように蔓挿し・サグリボリの栽培法に適しているのはミヤナナゴのほかに、ユークラガー、トウウン、沖縄百号、ミイマタイモなどである。これらの品種を八重山で見かけないが、私の知らない地域で栽培されているかもしれない。ぜひ、これらの品種に出会いたいものである。

蔓挿し・サグリボリというイモ栽培の有効性は次の例からも知ることができる。新聞記事によるものだが、アフガニスタンで診療活動と農業復興を続けている中村哲医師とペシャワールの会で日本から持っていったサツマイモを栽培していると、蔓がよく盗まれたというのである。つまり、アフガニスタンにおいても蔓挿しの栽培法が一般的であったことがうかがえる。このようにして、かんたんに栽培が拡大していくならば、蔓挿し法は素晴らしい技術であるといえよう。アジア・太平洋戦争中の日本がそうであったように、イモはどのような国においても、戦争の中の国民を救う食料だともいえるのである。

この蔓挿し法によるサツマイモの栽培の技術は、ソロモン諸島にもあり（中野和敬「サツマイモは多年草なり」『イモとヒト』平凡社）、北ボルネオにもある（下元豊「八重山のサツマイモの掘り方」『八重山文化』第四号）。その要点は、蔓を挿して増殖させること、掘り棒を使うこと、一枚の畑で何年にも継続栽培すること、掘るときに除草をする、という四点である。こういった共通点をもつ蔓挿し法という技術がアジアの農法に連なっている証左となろう。なお、インドネシアやフィリピンなどでも蔓挿し法によるサツマイモ栽培が行なわれている（坂井健吉『サツマイモ』法政大学出版局）。

在来作物の種子をめぐる八重山の人々③ヤムイモは多彩なり

八重山におけるイモ類は、先ほど述べたイモ（サツマイモ）のほかに、サトイモ系のターンム（田芋）、ヤムイモ系のイモ類がある。ジャガイモはあまり栽培されていない。サトイモ系のターンムは水田に栽培されるもので、粘りの強いイモである。ただ、八重山での栽培は少ないようである。石垣市の於茂登で水田に稲とともに混作されていたのを見たことがある。石垣市の北部の村でも栽培している人がいると聞く程度である。それほどに現在栽培している人が少ない。

ダイショと呼ばれたヤムイモ（沖縄県竹富町竹富）

さて、イモに次いでおもしろいのがヤムイモ系のイモである。私が見て、知る限りで五種類のヤムイモがある。考えるに、それらを総称する名称がないのではなかろうか。

最初に紹介するのはダイショといわれるイモである。これは本土のヤマイモに形は似ている。しかし、その大きさがまるで違う。写真のヤムイモは、直径は一五cmから二〇cmほどもあるし、長さは掘るときに三つに折れていたようで、正確に確認できない。しかし、それぞれの長さがこれも一五cmから二〇㎝ほどもあろうから、短くとも五〇㎝以上はあるだろう。このヤムイモは竹富島の内盛家で拝見したもので、炊いて食べるのだという。摩《す》り下ろしてトロロで食べるのは本土から入ってきた食べ方で、近年のものだという。このヤムイモの名称をダイショという。

昔から栽培というか、半栽培というか粗方的なやり方で育つヤムイモがある。名前はナリウン（石垣市大浜）とかトゲイモ（石垣市平久保）とか呼ぶ。形を見ると、一見「ジャガイモじゃないの」といった雰囲気のイモである。しかし、ジャガイモの大きさでありながら表面の皮からは短いヒゲがいっぱい生えており、割って中身を見れば、ヤムイモに特有な丸い繊維が縦に連なっているのがわかる。食べ方は茹でて食べるのが島の人たちの食べ方である。このヤムイモを石垣市平久保で栽培している米盛三千弘さんによれば、摩り下ろすとすごい粘りがあって、茶碗に入れて、その茶碗を逆さまにしても落ちないほどつよい粘りだという。このヤムイモはテレビや新聞でも話題になったことがある。北京オリンピックの陸上競技で三冠王に輝いたジャマイカのウサイン・ボルト選手が日常に

トゲイモ（沖縄県石垣市平久保）

紫色のヤムイモ（沖縄県石垣市）

食べているイモとして紹介され、栄養豊かな食材であると報道された。このイモはトゲドコロという。米盛三千弘さんは、栽培している人が少なく、知り合いの数人に苗を分けて、増やしている状態だと語っている。

トゲイモという名称はどこからきたのであろう。トゲイモそのものにはトゲはついていない。先述の米盛三千弘さんは畑に育っているトゲイモを見せながら、次のように話をする。畑にはトゲイモとイモ（サツマイモ）の畝が並んで栽培されている。まず、イモの畝を指しながら、「イモはみんな掘られているでしょ。キジが掘ってしまうんですよ」。たしかに、イモの根元には穴があいている。キジが増え、畑や集落にまで寄ってきて、作物を荒らすのだという。「それに比べて、トゲイモは大丈夫だ。ほら、どこも掘られていないでしょう」と畝を指さす。トゲイモの畝は緑の葉が一直線に並んで育っている。それにたいして、イモの畝は掘られているので、乱れているのである。米盛三千弘さんは、一株のトゲイモの茎を抜いて見せながら、「ほら、ここにトゲがあるでしょ。このトゲのおかげでキジがトゲイモを食べないんですよ。イモはこんなにやられているのにね」。

茎にトゲがあるために、キジにも食べにくいのである。茎にトゲがあるという特性が作物自身を護っているわけである。

石垣市大浜の大田静男さんはこのトゲイモをナリウンと呼ぶ。このイモについて黒島の島仲和子さんに聞いたところ、「ナリウンとか、トゲイモとかいう言葉も知らないし、実物も知らない」。島によってそれほど違うものらしい。しかし、同じ島でも時代によっては知っている人がいるかもしれないので、今後も注意していきたい。

三番目のヤムイモは石垣市の青空市場で販売していたヤムイモである。石垣市の農業地域川原集落で栽培されたという三色のヤムイモであった。珍しいので、いろいろとたずねているうちに、イモ（サツマイモ）のような格好の形をしているが、切り口の色がそれぞれ違うのがわかった。販売していた金城さんは、私の興味深そうな質問に応えて、三種類のヤムイモを切って見せてくれた。それぞれの切り口を見ると、紫、ピンク、白である。イモには紫の色をした紅イモがあるのは知っていたが、ヤムイモにも紫のヤムイモがあると初めて知った。ピンクのヤムイモもしかり。もちろん、内部の丸い棒を束ねたようなヤムイモ特有の組織もハッキリ確認できた。イモに続いて、ヤムイモにも紅イモ、ピンクのイモがあったとは知らなかった。実は、パプアニューギニアにはヤムイモの種類が二つの系統ダイショ系とトゲイモ系とがあり、前者は三九種類のイモがあり、後者は三八種類のイモがあり、それぞれ使い道が異なっているという報告がある（豊田由貴夫「パプアニューギニア、セピック地域における多品種栽培の論理」『イモとヒト』平凡社）。もちろん、この種類の分類は学術的というのではなく、地域の人たちの認識による分類である。二系統を合わせて七七種類に分類されているこのヤムイモの存在は、まさに栽培作物の多様性の典型である。

また、パプアニューギニアの二系統の分類名称が「ダイショ」と「トゲイモ」であることに注目しておきたい。八重山のアジア農耕文化の要素の一つになりうるだろう。

在来作物の種子をめぐる八重山の人々④ゴーヤとナタマメは関東でも

八重山のもう一つの在来野菜の情報を記そう。ナタマメは近年よく知られるようになった。鹿児島県の生産者が健康食品として宣伝している新聞広告のせいであろう。東北、関東に住む私たちには無縁の作物に思っていたが、そうではなかった。

東京都立川市で農業の体験学習を指導している地元農家の宮崎光一さんは、私が八重山で在来作物の種子の活動を知り、「ナタマメの種子をもらってきてくれよ」という。私は少し疑問に思っていたことを口にした。「えっ、立川でもナタマメができるんですか」

宮崎「うん、できるよ、昔作っていたからね」

増田「ナタマメはあったかい所にできるんじゃないですか」

宮崎「いや、ここだってできるよ」

それで平成二十二年十月に八重山に行ったとき石垣市平久保の米盛三千弘さんからタネをもらってきて、宮崎さんに差し上げた。宮崎光一さん曰く、

「ナタマメは昔も作っていたよ。どうやって食べるか、知っているか。これはね、福神漬けに入って

いる、変な形のものがあるだろ。それだよ」

「ヒョウタンのような形をしたものですか」

「そう、それだよ。ナタマメは炊いたりして食べるのではなくて、漬けた物にして食べるのだよ」

体験学習の参加者は、

「それなら、来年はこの体験学習の畑の陽あたりのいい所に播いてくださいね。種子がたくさんできたら、もらえるし」

ナタマメは蔓性で、大きなサヤをつける作物である。

暖地で栽培されると思っていたナタマメと同様にゴーヤも宮崎さんは作っていたという。

「ゴーヤができて、実が黄色くなって、中に種子が赤くできると、これを食べたんだよ。種子のまわりが甘いから、子どものころのオヤツにしたんだよ」

そういえば、私の住む国分寺市の農家の直売所の人も、「ゴーヤなんて、子どものときからあって、種子が甘いからなめていたし。ゴーヤは種子を採って播くというよりも、その種子が落ちて翌年また生えてできるのよ」。

ゴーヤもナタマメも特別の南の地方にだけできるものではなかったのである。商品として流通する間に、あまりにも「地域ブランド」ばやりの宣伝に惑わされて、先入観が先立ってしまっている。

在来作物の種子をめぐる八重山の人々⑤五穀農園

五穀農園開きの神祀り（沖縄県石垣市）

平成二十三年十一月三日、石垣市内で五穀農園開きが行なわれた。農園の主は黒島出身の當山善堂さんで、長いあいだ、五穀農園を開くことを心に秘め、構想していたと聞いている。その理由は、沖縄全体が芸能の島と呼ばれているが、八重山の芸能、とくに古典民謡の歌詞の中心は五穀豊穣である。島々で伝統的に栽培されてきた米や粟、麦類、モロコシ、イモ（サツマイモ）などすべてが五穀である。種子播きや収穫の祭りに歌われる古典民謡は、それらの五穀をほめあげ、稔りの豊穣を願い、豊かな収穫を喜び、神に感謝する内容である。祝い事などのときに島の人たちによく歌われ、祭りには「五穀物種（ククムヌダニ）」は籠に入れられて奉納されている（拙著『雑穀の社会史』吉川弘文館）。ということは、毎日の食事に欠かせない穀物やイモが五穀であり、その豊穣を願う祭祀には「五穀物種」として欠くことのできないものであった。現在も祭祀には「五穀物種」は奉納されている。

それだけ祭祀に重要視されている五穀であるが、米とイモを除いた粟や麦類、モロコシなどの栽培が少なく、神祀りのさいに事欠くありさまになって久しく、島々の古老が少しずつ栽培しているのが実情であった。こういう状況を鑑みて、當山善堂さんが始めたのは八重山農林高校の畑で五穀を栽培することであった。平成十年前後のことであった。八重山農林高校の教師を通じて生徒とともに栽培したこの試みは三年間行なわれたようである。私が石垣島を訪れ、豊かに実った五穀の畑を見学したのもこのころである。その後、八重山での五穀の栽培は細々と個人的に行なわれてきたようで、各島の祭祀に奉納する「五穀物種」にする五穀すら入手が困難だとの話も私に伝わってきていた。それで私は人伝に聞いた栽培者を訪問し、記録にとどめるようにしてきた。平成十年に見学した石垣市の大浜の豊年祭では、婦人会の奉納踊りで踊り手が右手に採物として稲の穂と粟の穂を持っていたが、一、三年後のときには稲穂だけになっていた。粟の穂が不足していたのかもしれないが、そのことは粟の穂に対する関心の希薄さのあらわれなのである。祭祀に欠かせない「物種」の意識の欠如といえよう。この祭祀にはミルク神が出現し、その供としてのファーマー（女の子）の持つのも稲穂と粟の穂であったが、いつか華やかな造花に代わっていた。

長年にわたって當山善堂さんが見てきたのは、八重山の祭祀における奉納物である五穀の衰退の様相であった。當山さんはいう「だからこそ、五穀を栽培したい」と。

毎年八重山最大の神行事である豊年祭をはじめとする祭りの奉納物である五穀が、祭りから消えつつある現状をみて、再興させようとしているのである。當山さんは語っている。

祭りのもっとも大切な神に捧げる五穀を、祭りを担っている若者や子供たちが知らない。これでは祭りの意味が何なのかわからなくなる。八重山の老若男女が盛んに歌う古典民謡の歌詞にある粟も麦もモロコシも実物を知らないままに歌っている。地域の文化とは、五穀のような地域に根差した作物を大切にするところから生まれるものだと思うから、五穀農園で栽培し、八重山の人たちとそれを共有したい。

當山さんの五穀農園の目的はもう一つある。「種《しゅ》の保存」である。近年、在来作物の栽培が減少し、昔の味がなくなったことを憂い、現在ある八重山在来の作物の種子を保存し、その種子をほしい人に分け、栽培しようというものである。その一つがヌービラである。ヌービラは野蒜《のびる》のことで、當山さんが種子を持っていて、近年だいぶ増やしたということであった。五穀農園開きには五〇人ほどが参加したが、ここでほしい人にヌービラの種子を分けた。このまま生で食べると本土の野蒜よりも辛味が強い。在来作物の独特な味を保持している。だからこそ、好まれるというか、忘れられずにヌービラをほしがるのであろう。ヌービラの外皮の一枚をむくと、白い珠や緑がかった珠になる。まるで真珠のようである。緑がかった珠は黒真珠のように深みある色を帯びている。そのヌービラの種子の話を聞いた竹富島の婦人部では、島のあちこちにヌービラを播こうという話し合いがなされ、種子がほしいという申し込みが私にあった。種播き時期に間に合うように種子を手配中である。

八重山では五穀にイモが含まれており、重要な作物になっている。別の項で取り上げるが、五穀農園に植えたイモは二種類ある。一種類は五穀農園開きの前日に沖縄県農業研究センターに行ってもらい受けた新品種オキユメムラサキである。ほかの種類は黒島の島仲和子さんが栽培していた品種ミヤナナゴで、在来種である。翌年の七月に掘り上げて試食した當山さんは「ミヤナナゴがうまい」といっている。数年前に、島仲和子さんに八重山のイモ料理のひとつであるイモモチを作ってもらった。石垣市の公設市場で売っていた本土産のベニアズマというおいしい品種と、和子さんが栽培したミヤナナゴの両方を使って作って、味比べをしたら、ミヤナナゴのほうが甘く、味が濃くておいしかった。ミヤナナゴの苗は少しずつ黒島の人たちにも分けて栽培が始まっている。

當山さんの始めた五穀農園とそこで栽培された在来作物は粟、黍、モロコシ、大麦、小麦、イモなどであったが、その後六月に五穀農園を訪問したときは大豆、ホウレンソウ、シュンギク、トウガラシ、ナス、ニンニク、サニーレタス、ニンジンなどの野菜が栽培されていた。

八重山の混作はアジア的農耕文化

八重山の伝統的な農法がアジアの農耕文化に連なっていることはイモの蔓挿し法を例にとって述べた。八重山の農業の特徴を浮き彫りにする混作もアジアの農耕文化に連なるものといえよう。

混作というのは別々の作物を少しずつ混在させて栽培する農法である。たとえば、黒島の島仲和子さんの畑は、畝立てをしないで、畑を耕したままの状態にイモを適当に植え、その間の空間にニンジン、トウガン、レタス、カボチャ、ネギを植えている。一〇㎝四方の小さな空間があればオクラやトウガラシの苗を植える、といった具合である。ときにはイモの葉の間からダイコンの茎が伸び、先端でダイコンの花が咲いていたり、ミニトマトが背高く伸びて実をつけていたりする。こういうふうに植栽の季節がくればいつでも二、三本ずつの苗を植えておけば、一年中、家族が食べる野菜類に困ることはない。家族だけでなく、近くの飲食店や民宿の人たちがやってきて、野菜を買っていくという近間の購買層があとを絶たない。ここは小さいけれども、超新鮮な野菜の宝庫である。

平成十五年ころまではこうした混作の畑が黒島の何軒かの家でみられた。しかし、私が話を聞きに行き、次に行ったときは畑は整然と畝が立てられ、区分けされた畑になっていた。伝統的な混作という農法よりも、本土並みのきれいに畝ごとに作付けされた畑が精農と思われているらしい。

石垣市宮良の小濱勝義さんは粟とモロコシの混作をする。その種子播きの様子をみてみよう。畑を耕耘機で耕し、在来種の馬に八重山式馬耕を曳《ひ》かせて土を砕き、適当な間隔でススキを立てる。ススキはどこに種子を播いたか、の指標にするためである。容器に入れた粟の種子を右手で播いていく。そのさい、種子を握った手首にスナッチを利かせ、種子を播いていく。種子は薄播きがよいので、厚播きにならないように、ほうぼう

雑穀の種子を播く小濱勝義さん（沖縄県石垣市宮良）

に散らして播くのが原則である。厚播きを防ぐために種子に砂を混ぜる人も多いが、小濱さんは「砂を混ぜて播くのは下手だからだ」という。この種播きの姿勢は立ち姿である。本土の場合は腰をかがめて播くことが多いが、麦などは立ち姿で種子播き器で播くこともある。粟の種子播きが終わると、次は粟を播いた同じ畑にモロコシの種子播きを同じようにする。二種類の種子播きが終わったら覆土をする。これも馬に曳かせた馬耕で行なう。小濱さんは馬を飼っているので馬を使うが、馬の都合がつかない場合は水牛を使う場合もある。宮良ではイモをアッコンというが、粟のなかにイモを混作することをアーグルアッコンという。小濱さんも粟とモロコシだけでなく、野菜類の栽培も混作をしていた。

八重山の島々で混作の畑を探して歩くと、さまざまな地域で混作をしていることがわかった。西表島の祖納や大原などもそうで、わずかな畑で自家用に作るには混作で十分であった。そうすることで、豊かな味と新鮮な野菜を食べることが持続できる。

このような野放図に見える混作もあるが、畝立てをして一畝ごとに異なった作物を栽培するのも混作という。私が見た現代の沖縄の混作は興味深いことがたくさんあった。

沖縄県北部の国頭村安波では、立派な畝立てをしており、そこに育っていたのはダイコンとイモで、両方とも大きな葉っぱを繁らせていた。ダイコンもイモも土の中に根茎を成長させる作物であるのに、共存しているのである。土の中でどういうふうに競合しながら成長しているのか、興味があったが、掘り返して見るわけにはいかず、残念なことと思っていたが、次にみる沖縄の混作の歴史をみると、ダイコンとイモの混作は当たり前のことであった。同じ国頭村の奥集落でも八重山と同じに、イモと野菜の混作があちこちに見られた。かなり広い一枚の畑でイモとカボチャの混作があった。これは土の中と土の上に成長させる生り物なので、競合を心配する必要がない。

沖縄県における混作はたいへん古い歴史をもっている。

沖縄県生まれの比嘉武吉は混作について身近にあった栽培法といい、春植甘藷の混作には「えんどう豆、大豆、小豆、紅豆、緑豆、唐豆、粟、唐黍、マージン、大根、木綿花、ゴマをあげ、秋植甘藷には大根、にんにく、からしな、りゅうぜつさい（ウサギノミミ）、きくにがな（クダンソウ）」をあげている。このような比嘉によって報告されていた状況は昭和十年前後の名護市周辺の例であった（比嘉武吉『甘藷の歴史』榕樹書林）。

さらに比嘉武吉が紹介しているのは琉球王府の十八世紀の役人であった蔡温《さいおん》の施策であった。蔡温によれば、畑に作付するには主体作物と従作物の区別があるから、甘藷の株間にソラマメ、ゴマ、木綿花、紅花などの直立性の作物を点播したり、苗を植えたりすることが大切なことだという（『家内物語』）。要するに、地上・地下にできる作物と、地上でも直立性のある作物との兼ね合いを考えて畑の有効利用をせよ、といっているわけである。そのことを受けて比嘉は沖縄の農業の特質を次のようにいう。

農業にとっての混作栽培法は、極めて重要な農業形態の一つであり、また甘藷を主体作物とする混作栽培法を抜きにして琉球の農業は語れないと思っている。

沖縄のように土地の狭隘な地方では、わずかな空間を、地下・地上・地上空間という三重構造にした利用を推奨しているのである。

だが、混作という栽培法は沖縄だけに限られているわけではない。

山梨県早川町奈良田では、昭和三十年代まで行なっていた焼畑で粟と稗の混作をしていた。奈良田では作物ごとに栽培することが多かったが、稗と粟と混ぜて播くと、粟が全滅しても害虫に強い稗は稔り、収穫ができるからであった。一つの作物が収穫できなくとも別の作物が収穫できれば、飢饉《ききん》というリスクを避けることができた。また、粟と地菜であるヒダンナと呼ぶカブやゴマとも混作していた。

神奈川県相模原市でも大麦や陸稲とともにゴマやニンジンの種子を播く。当地域では畑に種子を播くには播種肥を使っていた。播種肥というのは、種子を肥料に混ぜたものをいい、畑作地では盛んに行なわれていた技術であった。相模原市でも播種肥は行なわれ、大麦や陸稲の種子にニンジン、ゴマなどの種子を肥料に混ぜたものを手でつかんで、畑の畝にぶつけるように播いた。ぶつけるようにして播くと種子が一ケ所に固まらず、あちこちに播くことができた。したがって、畝に播いたつもりでも、畝から外れて種子が散っている場合もあり、少しずつ種子を畝に落としていく種子播きのようなきれいな畑になるとは限らなかった。

混作は日本に限ったことではなく、アジア各地で行なわれている農業技術である。

タイの焼畑をする地域では陸稲を主体にしてモロコシ、ウリ類、マメ類、ナス属などの野菜、ハトムギなどが混作しているという（落合雪野「農業のグローバル化とマイナークロップ」『アジア・アフリカ地域研究』第二号）。

インドネシアやフィリピン（坂井健吉『サツマイモ』法政大学出版局）、アフガニスタンなどでも蔓挿し法によるサツマイモ栽培が行なわれている。

琉球王府時代から土地の有効利用として行なわれていた沖縄の混作は、沖縄独自の農法というよりも、アジアの各地で行なわれているアジア的農耕文化の一環であることがよくわかるのである。

黒島発の混作農法と女性の「小農自立」

黒島で混作を続けていた島仲和子さんは平成二十四年の春から膝の手術のため、病院に入院したので畑仕事ができなかったが、前年から長男の嫁である文江さんが島仲家の畑を守っている。

アジア・太平洋戦争後までイモや粟とともに黒島の主食であったウブン（モロコシ）を栽培する人がおらず、私が文江さんに頼んで栽培してもらった。畑の一隅に勢いよく生長し、実も収穫できた。実の入りは一斉ではなく、順番に実が成ったというほど時期がずれての収穫であった。通算一ケ月ほどもかけて実が入ったものから穂の下二、三〇㎝の茎を残して収穫した。よく乾燥させて、サンゴの菊目石で脱穀した。菊目石は菊の花に似たデコボコのある模様が一面にある石で、穀物の脱穀には適している。私が文江さんに、「よく稔った穂を種子の分にとっておいたら」というと、文江さん曰く「でも、とらなくとも大丈夫。まだ畑にあるのが稔って、土に落ちた実から生えるから、種子はいらないわ」。姑である島仲和子さんの「こぼれ種子」と同じことをすんなりといっている。文江さんは石垣市内の町で生まれ育ち、保育園の保母さんを仕事にしていたから、地元の伝統的農業を知っているわけではないが、ともかく「こぼれ種子」があれば次の栽培ができることを承知しているわけである。また、混作は、第一部第二章「野良ばえ」と混作の効用の項で述べたように、害虫などによる不作にたいするリスクも少ない農業なのである。

文江さんは黒島に来た当初、島仲家の混作の畑をみてびっくりし、「畝を立てて、きれいに作ってあるほかの家の畑を見て、私もあんなふうな畑をしたいな」といっていた。隣の家の畑は畝立てしたきれいな畑である。ところが、夏の盛りころになると、「畝を立てて、畑に野菜作るのは大変だわ。畝を立てるには力がいるし、そんな作業する時間もないし。やっぱり混作でいいわ。今、西側の畑に混作で作っていたトウガンがもう終わるけど、トウガンも販売所で売れるし。いろんなものが売れるので、うれしい。このまま混作でやっていこうと思う」という。なにしろ、文江さんは保母さんを退職した後、介護福祉の資格をとって黒島の介護の仕事をしているし、野菜を作って販売し、週に三回黒島の学校や民宿や家々に販売するためのユシ豆腐作りもしているのである。要するに、文江さんの毎日は福祉の仕事を中心に、畑で多様な作物栽培して販売し、島豆腐を作って販売するという多角経営なのである。いわば小さな複合的営農をしているのである。

黒島は、石の多い島という意味のフシマといわれた島である。日照りになれば土が固まってしまい、スコップでも土を掘り起こすのが大変になる。石垣島も同様で、客土でもしていなければ女性が耕すことのできるような土壌ではない。本土にある伝統的な畑を耕す道具である鍬《くわ》や四本鍬などはなく、畝立ての畑をしている家がそれらを使うだけである。島仲家には唐鍬《とうぐわ》がある程度である。本来、八重山では畑を耕す道具は、ピラであった。ピラは自家製で、本土の移植ベラに似た道具で、しゃがんで土を前に掘り起こしていく作業に使う。現代では小型耕耘機を使って少し深く耕して畝立てができるが、黒島の伝統農法の方が合理的だと文江さんは短期間で見抜き、混作が現代の複合的な仕事には最適と悟ったのである。「こぼれ種子」から在来作物を作り、島人たちが必要な、さまざまな野菜を作って販売所で売るという小さな動きを始めたわけで、ほかの仕事をもちながら可能な「小商業圏」を作り出している。在来作物中心の小さな農業のあり方は、都市相手の多収穫・多販売・多収入農業とは異なり、これからの女性に適した小農自立のかたちではないだろうか。

ハトムギの効用

東京都府中市の旧押立村の代官川崎平右衛門家に保存されていた種子のなかにハトムギがあった。現在は近年になってハトムギ茶、あるいは十六茶などの簡易飲料茶として販売されているが、一般に食料、飲茶に使われている様子がないのが実情のようである。全国を歩き、農家を訪ねて、さまざまな穀物をはじめとして作物の話を聞いているが、ハトムギを栽培している知り合いの農家は一軒だけである。その農家は山梨県上野原市の中川智家であるが、当家でも作っても食べたり、茶にして飲んだりしているわけではない。親も作っていたが、種子継ぎに作っていたようである。

私とハトムギの出会いは会津美里町（旧会津高田町）の栗城耕さんと知り合いになってからである。平成二十二年の夏に福島県喜多方市山都町で立ち上げた若者たちの雑穀プロジェクトの試食会で栗城耕さんのハトムギ茶の体験的効用の話から始まる。栗城耕さんは、二、三年前に血圧が高く、あるとき、倒れて一瞬気を失った。すぐに意識を取り戻したが、そのとき以来、ときどき頭がふらふらしてしまうことがあった。それで自分で作ったハトムギ茶を飲んでいたら、血圧が下がり、主治医もびっくりするほどになり、「オレも飲みたい」と主治医もいったというのである。そのときはそれで終わったのであるが、一ケ月もないうちに定期健診を受けた私の夫の血圧の上が一七〇を超えたということで、「在来のものならなんでも試してやれ」と思った私は、さっそく栗城耕さんにお願いしてハトムギを焙煎してもらった。それをお茶に煮出して夫と私は毎日飲むうちに、夫の血圧の上が一三〇台に落ち着いてきたのである。栗城耕さんは「粉にも焙煎できますよ」という。「どうやって飲むのですか」と尋ねると、「コーヒーに混ぜて飲むといいですよ」との返事であった。カフェインに弱い私は夕方からコーヒー、紅茶、ウーロン茶の代わりにハトムギ茶を飲んでいた。栗城さんは「ハトムギ粉をお茶碗に入れ、お湯を注いで飲んでますよ」というので、「こぶ茶みたいに、ですか」と聞くと、そうだというので、私にもできると思い、そうやって飲んだり、お茶にして飲んだりしている。栗城さんによると、昔、自分の母親がハトムギを作ってお茶にして飲んでいた、という。

栗城さんは事もなげに母親とハトムギのことをいうが、ハトムギを栽培して日常的にお茶にして飲んでいたという話は大変珍しい。先代の時代に、ということは昭和三、四十年代であろうか。この話は福島県会津美里町のことであるが、もしかしたら全国に同じようにハトムギを食べたり、飲茶に用いていたりした人がいたのではないだろうか。江戸時代から漢方薬として知られていたハトムギは、現代ではあまり知られていない隠れた存在といえようか。なお、栗城さんがハトムギの栽培をし始めたときの種子は金沢あたりから購入したものということであった。栗城さんは有機農法をしており、あちこちで講演をしたり、有機農法で作った作物から新しい食品を開発したりしている。その一つがハトムギ茶である。昭和四年生まれの栗城さんは常々「おれはいたずら好きで、いろんなもの、作ってんだ」といいながら、目下、ハトムギを介して薬局と医者・病院との連携づくりをしている最中である。

全国的にみればハトムギ栽培が皆無というわけではない。東北地方でも行なわれているし、中国・九州地方でも栽培されている。

五木村の在来の赤米と黒米

熊本県五木村の黒木家では昔から赤米と黒米を栽培していたという。昭和五十年代に嫁に来た黒木はるよさんによれば、当時、黒米も赤米も栽培しており、白い米も作っていて、いずれも種子は自家採種をしていた。赤米は、アカゴメといっても現在はやりの黒紫米とは違い、色は薄いピンクで、粒の形は短粒で、ジャポニカ系である。黒米も薄い黒色で、黒紫米のような真っ黒ではない。しかし、真っ黒な粒も混じっている。これは精白しても色素が残ったものであろう。形も赤米と同じである。黒木はるよさんは、米に黒米か、赤米かと、小豆を混ぜて炊き、いつも食べていて、赤マンマと呼んでいた。嫁に来たときにはこの飯で、赤飯のようだ、と思ったという。現在でも、白米に黒米か、赤米かを少し入れて炊き、食べているが、やはり赤飯のような感触だと語る。五木村の宿で一〇〇%の黒米を炊いてもらい、賞味した。薄い赤味がかった飯で、粘りと歯応えのあるおいしい飯であった。ふだんに一〇〇％の黒米を食べるにはぜいたくすぎる。私は、できるだけ、最初の試食はそのものだけというか、一〇〇％で味わいたい、と思っている。ほかのものと混ぜたり、味つけをしたり、調味料を使ったりするとそのものの味自体がわからないからである。ほかのものや調味料などに惑わされない味を知りたいし、楽しみたい。そのあとは、黒米も白米に少量混ぜて炊くことになる。

ところで、黒米は、赤米や黒紫米ほど世間で話題になったり、販売されたりしているわけではない。むしろ、黒木家の黒米は珍しいといえよう。私も見るのも食べるも初めてであった。しかも、在来種であるから貴重な存在といえよう。しかも、水田の少ない五木村ではどの集落でも稲作が可能なわけではない。一部の平坦地と水利のある地域でしか稲作をしていない。このあたりの事情をもう少し調べてみるのもおもしろいであろう。

さて、赤米は日本だけでなく栽培されている米で、米の表皮というか、玄米の皮部分が赤い色をしているが、精白すると白米になる米、精白すると薄いピンクの色になる米、精白後も赤い米などさまざまある。黒米は赤米の色素が色濃く保っている米だという。紫黒米も同じである。したがって、炊いた飯の色はいずれも濃淡はあれ赤味を帯びている。よく知られているように、赤飯は本来赤米を使っていたものが、白米に小豆を加えて赤の色味を出した飯、つまり、赤飯の元になったものが赤米であるといわれている。とくに鹿児島県の種子島の宝満《ほうまん》神社や長崎県対馬市厳原町豆酘《つつ》の神社、岡山県新見市の総社神社では赤米の神事が行なわれている。赤米の栽培の歴史は古く、大唐米と呼ばれ、日本において史料で栽培が確認できる年代は十四世紀初頭といわれている（木村茂光編『日本農業史』）。江戸時代の初期に書かれた農書『会津農書』によると、赤米は「赤稲」と記され、「山田に適する品種」として分類され、その特徴を山田のなかでも「山あいには、つぶれず、赤稲がよい」（『会津農書』農文協）とされている。つまり、山間部の山に近い田で栽培しても倒伏も少ない赤稲が適しているというのである。山田の湿田や谷地田にも適しており、陽あたりが悪い田、冷水かがりの田、湿田にも適していると書いている。赤米は「虫害や旱害に強く、多収穫で炊き増えもするという利点」があった（木村編、同書）。赤米は生産者である農民には多収穫であるため喜ばれたが、「白米」を尊重した販売用としては敬遠され、近世、近代においては駆逐の対象となった。「白米」重視の販売用に赤米が混じると価格に影響が出るためであった。しかし、現代では赤米はもちろん緑米なども含め、古代米として珍重の対象となっている。

赤米と稲の品種——山梨県富士吉田市の例

赤米について述べたついでに、米の品種と赤米を中部地方の例をみてみよう。山梨県富士吉田市は富士山麓の傾斜地に農地をもつ地域である。富士山からの溶岩流の土質、寒冷地、標高六〇〇から八五〇ｍに耕地が位置するという条件のなかで農耕を営んできた地域である。そのなかでも標高八五〇ｍでの稲作は、富士山からの颪のために大きな影響を受けていた。稲作地として恵まれないその地域は、現在、品種の改良や栽培技術、肥料の改良などで、寒冷地用の種子栽培を行ない、他地方への出荷を行なっている。稲作地としてマイナス要因であった冷涼な気候を逆手にとって、その特徴を活かした稲作を開発したといえよう。
まず、稲に関する品種は近世の史料にはたくさん記載されているが、ここでは赤米と推測できる稲を抜き出してみよう。ただし、芒《のぎ》や稲籾だけが赤い場合と、玄米と精米とも赤色である場合との区別は不明である。

「あかたうふ」（宝永三年＝一七〇六）　「赤とふふ」（宝暦九年＝一七五九）、
「あかとふふ」（明和七年＝一七七〇）　「赤どふふ」（文化三年＝一八〇六）
「赤豆腐」（天保三年＝一八三二）

以上が「赤」と名のつく稲の品種で、表記はそれぞれであるが、粳の同一の品種であろう。

「赤餅」（文化三年＝一八〇六）　「赤餅」（天保三年＝一八三二）

この二つの品種は、糯種であろう（『富士吉田市史　民俗編　第一巻』）。これによれば、粳種と糯種の両方に赤米があったことがわかる。

次に昭和五十年代の種子の状況をみてみよう。文中の「今」は昭和五十年代をさす。

［粳種］
昔……豊年早生（早稲種）、シラッケ（早稲種、有芒）
今……フクヒカリ（中種）、カンキシラズ（晩稲種、寒さに強く殻が茶色）、ボウズ（晩稲種、無芒）
［糯種］

昔……赤モチ（早稲種、有芒、丈が高いので倒伏しやすい。芒、殻が赤く、穀粒は白い、冷水に強いので、水口に作る）

白モチ（早稲種、有芒、丈が高く倒伏しやすい）

今……紫モチ（有芒、二〇年位前から作っている）

乙女モチ（晩生種、無芒、背が低い、一〇年位前から作っている）

気候が冷涼な地域に合わせた種子選びをしており、晩生種は少ない。基本的に粳種よりも糯種のほうが寒さ、冷水に強いので、田の様子や水がかりの状況に合わせて栽培する。現代においては、粳種の赤米は栽培されていなかったようである。上記の品種の観点からいえば、近世の「赤餅」は、同一かどうかは不明であるが、現代の「赤モチ」の系統に引き継がれていると思われる。この「赤モチ」は水口に作るとされているが、私は昭和五十年代の調査時に水田で実際に見ている。実は、芒も籾殻も赤い稲は昭和二十年代後半、奥会津でも栽培されており、子どものころに見たことがある。田んぼが一面に赤っぽいので、ほかの稲と子どもにも判別できたのである。そういう記憶の元に、富士吉田市でも「赤モチ」の田んぼを見ることができたのである。もう一つ、「シラッケ」という品種は「白毛」であろうと推測できるが、近世の史料にも見られる。これも同一品種かどうかは不明であるが、同一系統の品種と考えてもよいであろう（富士吉田市教育委員会『新屋の民俗』）。

第四章　穀物貯蔵施設と種子屋

種子の保存と穀物の貯蔵は同じ場合もあるし、違う場合もある。地域によっても異なるので、一つひとつみていこう。

波照間島の高倉

まず、日本の最南端の島波照間島では母屋の近くに別棟の建物として建てられていた高倉で穀類を貯蔵した。高床になっており、屋根はガヤ（茅）で葺いたもので、フファと呼んでいた。波照間出身で石垣島に住む田福清子さんによれば、フファは個人持ちで、屋根は茅、周りは板壁、床の高さは二mくらいあった。それでもフファに入るために特別の段やはしごがあったわけではない。建物の柱を支えている石はサンゴ石であった。柱の間隔は狭く、三尺くらいであった。高床の下は薪や燃料にするソテツの枝葉を入れておいた。ここは物置であったが、子どもたちは床下を歩くことができた。清子さんによれば、古いフファの床は高かったが、後年作られたフファは床を低く作ったという。内部は四・五〜八畳ほどの広さで、床はフンターといい、ユッツルと呼ばれた編んだ竹を用いていた。風通しがよい床であった。粟はアンといい、糯種と粳種があり、後者をサクアンといった。大麦はボーサムン、小麦をムン、黍をスン、モロコシをヤタップー、稲をイニといった。穀物は夏に収穫するもので、刈り取った粟はその葉で束ねて、屋敷周りの石垣の上に干した。主要な穀物は粟で、フファに収納するのにも粟が中心であった。フファの内部はとくに仕切りなどはないが、穀物ごとに場所を決めて穂のまま積んでおいた。食べるときにそれを取り出して、脱穀、脱稃《だつぷ》、精白するのである。内部にはネズミ捕りの器械をおいていた。それを村の人たちはパチンコといった。フファは個人持ちなので、各家にあった。アジア・太平洋戦争後まで使われていた。種子と食料の貯蔵施設の違いはなく、フファが両方の貯蔵を兼ねていた。

石垣島のシラ（稲倉）

石垣市宮良では稲の収穫後は外に稲を積んで保存した。それをシラといった。そシラに積むには、地面から少し上に木を組んで台を作り、固定しておく。その上に稲の穂をなかにして積んでいく。最上部は屋根にように茅・ススキで葺き、囲ったものである。上部から周り、最下部まで綱で縛っておく。使うときには、ここから稲をとって脱穀する。そのため、少しずつシラはだんだん低くなっていく。

隣村の大浜ではシラにも積んで保管するが、宮良より地面から高く作っており、また、上部からの綱をかけるにも細かに、しかも横にも綱をかけている。これは稲叢（シラー）といい、自分の家の屋敷内に作るものであった。それにたいして稲舟積（マイフナジン）は田んぼ近くの広い場所に作って保管した。これはやはり湿気を防ぐために地面に棒を何本かおいて、その上に穂をなかにして稲を積み、上部は菰状のものをかけ、さらに棒を置いて保管するものである（大浜公民館『大浜村誌』）。

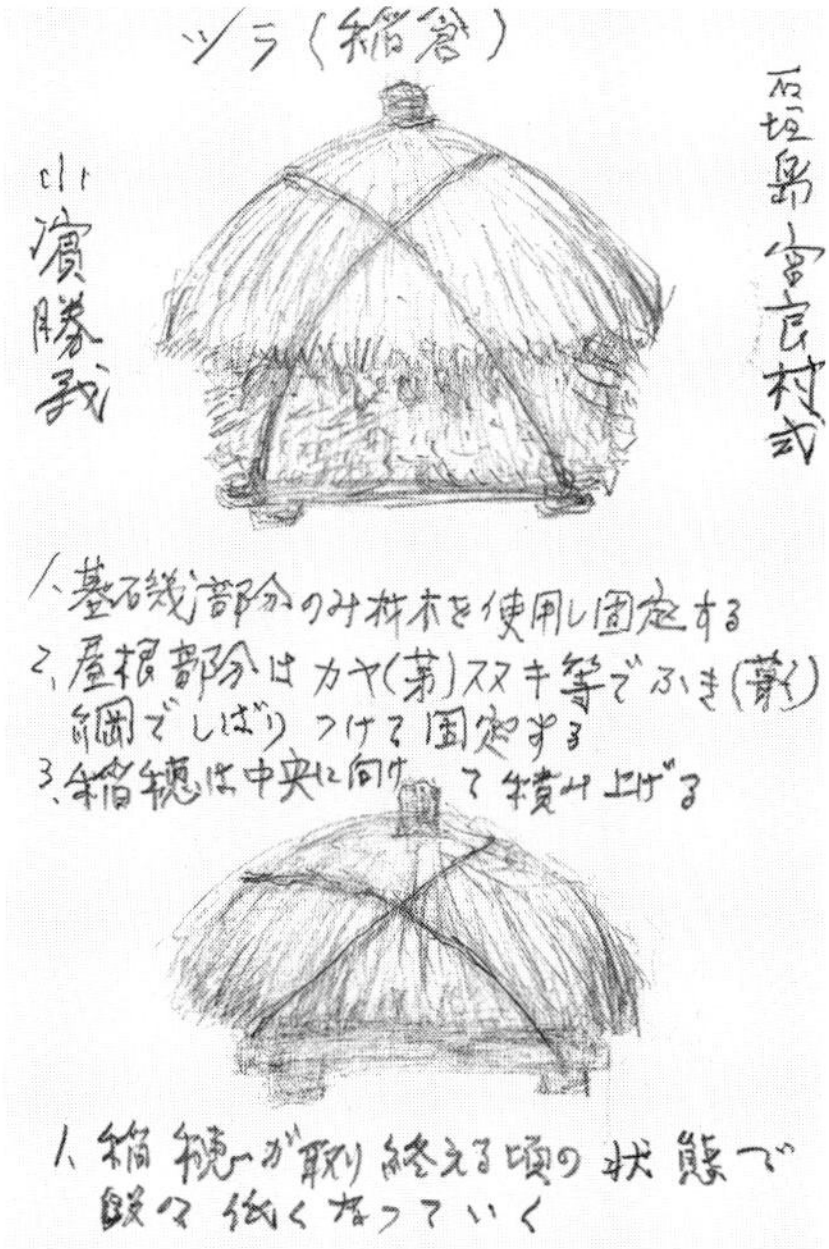
シラ（稲倉）
石垣島宮良村式
小濱勝義
1.基礎部分のみ柱木を使用し固定する
2.屋根部分はカヤ(茅)ススキ等でふき(葺く)
綱でしばりつけて固定する
3.稲穂は中央に向けて積み上げる
1.稲穂が取り終える頃の状態で
段々低くなっていく

稲を積むシラ（沖縄県石垣市宮良。小濱勝義さんの画）

熊本県五木村の穀倉

五木村では種子と食料を貯蔵するのは倉であった。倉をもっているのは多くはダンナ（分限者）と呼ばれた地主層である。

五木村は五木の子守唄で有名なところであるが、急峻な山をいだく山間地で、焼畑耕作が盛んであった。山間部でも平地と水がある集落では水田耕作も行なっていた。先に述べたように現在も在来の赤米や黒米も栽培されており、在来種の作物栽培は盛んである。佐藤正忠家には昔の史料が保存されているので、作物の状況を見てみよう。明治三十二年（一八九九）の「五木鉱山焼鉱□被害調」によれば、佐藤正忠家の栽培していた主要な作物は、粟を筆頭に、「麦類、豆類、黍類、稗、芋甘藷、蒟蒻、蕎麦、菜種、野菜類、菓実類、お茶」で、ほかに「麻、煙草、林木、楮」である。食料になるもので、一町歩以上の面積で栽培されていたのは「粟（一町歩）、麦類（一町二反歩）、蕎麦（一町歩）」で、「黍類（七反歩）、菜種（八反歩）」と続いている。稗は三反歩と比較的少ない。五木村における稗は、集落の耕地状況などにより、異なっているのではないかと推測する。この史料は、鉱山による作物被害が大きいので、その保障を作物ごとに減収を割り出し、請求したもので、近代の公害保障を求めた貴重な資料である（『いつき』五木村）。

五木村の八原は標高七〇〇から八〇〇mに位置する高い所にある集落である。石灰岩の地質のためか小麦をはじめ、おいしい作物ができる。集落としての戸数は多くないが、ここには「倉屋敷」と呼ばれた屋敷があった。現在、頭地に住む山村池子さんの祖母の家で、子どものころよく遊びに行ったという。八原に行くには九折瀬《つづらせ》という名の集落を通って行くわけであるが、その名のとおり九十九《つづら》の曲がりを上っていくのである。池子さんは祖母に曲がりくねった山道を「十三七曲がり＝ジュウサンナナマガリ」と教えられた。八原まで行くには、一三回の曲がりがあるうちの七つの大きな曲がりがあるのだという意味である。子どもながらに、大きな曲がり七つと、小さな曲がり六つを数えながら上っていったのである。子どもの足で相当厳しい山道であったことが想像されるのだが、池子さんは姉とともにかわいがってくれた祖母の家に行き、いろいろと井戸の水くみなどの手伝いをした。それがおもしろくて行ったのだという。

祖母の家が倉屋敷と称されたのは、倉があったからで、倉の様子は次のようだった。倉は二間に三間くらいの大きさで、板の壁であった。入口は重い引き戸であった。内部は仕切りがなく、広いままで、保存がきくものを入れておいた。池子さんの記憶では稗と粟が貯蔵されていたらしく、竹の篭《かご》やカマスや荒編みした篭のなかに穂首から切り取って収穫した稗や粟を入れてあった。稗は皮が堅いから何年ももつといわれていた。大麦は倉ではなく、脱穀した粒の状態でカマスに入れ、納屋に貯蔵していた。こうした穀物の種子はどのように保管されていたかは記憶にないという。

同じ頭地に住む佐藤正忠さんの家にも倉があった。倉の大きさは二間に三間ほどのもので、倉の前は広場のようになっていて、ここで穀物を干したり、唐箕《とうみ》を使って選別したりした。いわば、作業場であった。床は三、四尺ほどの高さがあり、入口に石がおいてあった。ネズミが入るので、床を高くし、そのために入口に石をおいて入りやすくしたのである。周りの壁は板で、南北には横風を避けるためにカヤの木、東西には栗の木の板材を使った。天井も涼しくなるようにできていた。内部は広く、長櫃《ながびつ》のような木箱が置かれ、その中に穀物の籾が入っていた。二、三年分の食《く》い分《ぶち》を保存しておいた。

絵に残した佐藤家の穀倉（熊本県五木村頭地）

佐藤家はダンナの家であった。飢饉や災害の年や、名子の家の者が病気になったり、なにか事があったりしたときには助けるのがダンナの家の役割であったから、自分の家と名子の家の食料として二、三年分を保存していた。佐藤正忠さんは「昔は金遣いの世でなく、モノ遣いの世のなかであったから、モノを保存しておいた」。飢饉や災害、病気などに遭っても、二、三年後にはその家の子どもたちが成長し、家を助けるようになるのだという。だから「作物の種子を貸しても、戻ってくる」というのである。

ところで、佐藤正忠家では穀物の種子を倉に保存しておらず、母屋のいろりの上の横に棚があり、ここに下げてあった。五木村のほかの家で聞くと、現在は種子の量も少ないので作物別に缶に入れて保管したり、種子用としてとくに食べる分と区別しないで保管したり、穂のまま軒下などに下げて保存したりしている。

五木村白蔵の分限者石田ツル子家の倉は火災のとき危険を分散させるために母屋から離れた場所に建てられていた。倉はガラス窓になっており、トタン屋根にしたものである。元は茅葺きの屋根であったが、時代を経ると茅不足や茅屋根を葺く人がいなくなり、トタン屋根に替えた。内部には稗や粟、小豆などを収蔵していた。当時は自給自足の時代であったから、一年以上の食料を蓄えていた。とくに、稗は五、六年分を貯蔵しておいた。倉を所有するような分限者はいつ起こるかわからない災害や事故のために村人全体の食料確保を心がけて、貯蔵に目配りしていた。しかし、ネズミの侵入を防ぐようにしていたが、どこからか入ってくるもので、完全にネズミの害を防ぐことはできなかった。白蔵の倉については、下梶原の福岡勇さんや下梶原に住んでおられた匂坂政年さんの話を佐藤正忠さんに聞いていただいた。そのことを長年五木村で調査をしている湯川洋司さんが聞き、教えてくれたものである。多くのみなさんのお世話で記録を残すことができた。

平成二十二年八月も末のころ、記録的な猛暑のなか、高知県いの町の寺川集落を津野幸右氏とともに訪れた。津野氏は四万十市に住む民俗学者で、「高知県の民俗ならなんでも知っている」という人である。今回は私の希望で寺川を案内してもらった。

穀倉の稗櫃に四〇年間稗を保存

寺川は石鎚山の南にある山上集落で、常畑もあったが、昭和四十年（一九六五）ころまで焼畑中心に作物を栽培していた。ここは民俗学や近世史の人たちによく知られた土地である。『寺川郷談』という記録が存在し、当時の村の生活の一端が知れるのである。先述した『寺川郷談』は、宝暦元年（一七五一）から二年まで滞在した土佐藩下級役人の春木次郎八繁則が書いたものである。今回の私たちの調査の目的は、当時の暮らしの様子が現在もうかがうことができるか、とくに、雑穀やイモ類の食生活に中心をおいた生活の一片を知ることにあった。『寺川郷談』によれば、当地域の日常の食料は、稗と小豆であった。麦ほめの儀礼があり、正月や結婚式、葬式には小豆と豆腐、イモ（サトイモ）が儀礼の中心的役割をする。しかし、粟や黍、モロコシなどほかの穀物の記録は記載されていない。今回の調査についてはきわめて興味深いことがいくつも見られたが、それについての詳細な報告は別にして、在来の種子の様子について記してみよう。

寺川の現在の戸数は一〇戸ほどで、外観からすると、とてもしっかりした集落である。八月二十七日の雨模様の夕方、急峻な山道を車で登ると、庭先に立つ若い女性がおり、これ幸いと、「昔の作物を知りたくてきたのですが、稗など作っている家はありませんか」と問うと、「コキビ（黍）なら、この下の家にあるけど」という。「この下の家」は、どうやら女性の実家らしく、「母がそこにいるけど。こぼれた種子が生えたコキビで、すぐそばに生えている」という。数段の石段を下りると、庭の畑というか、菜園場というか、所せましといろんなものが存在している。まさに、栽培とか作っているとかの状態ではなく、自由に生え、自由に育っている状態である。注目すべきはコキビであるが、そのそばにあるハズとかハドゥと呼んでいるカラムシ（苧麻）もある。この日は夕方になっているし、おばあさんも家の周りで忙しく動いている様子なので、翌日にもう一度訪ね、ゆっくりと話を聞こうということになった。この若い女性は山中ゆかりさんで、念のためにコキビが実ったら私の自宅に送ってもらえないか、と頼んで宿に帰った。

翌日、ゆかりさんの母山中佐和子さんに話を聞いた。佐和子さんはもう一つ下の集落越裏門で昭和二年に生まれた。稗の話、キビ（トウモロコシ）の話、小豆の話、この三種の飯をサンミトウメシという話等々、佐和子さんの話は止まらない。私たちからの質問もあるが、私たちの聞きたいという意図を見越して、話が次々に語られるのである。まさに「話を紡ぐ」とはこのことであろうか。

さて、稗の種子の話になったとき、佐和子さんいわく「まだ、倉にあるよ」。私は「その稗の種子、いただけますか」と頼んだ。この種子が焼畑を止めたときの四〇余年前のものであろうとなんであろうと欲しい。ただ、どんな状態で保存されているのか、気になった。保存によっては、虫が発生していたりして持ち帰るにも気がめいるのである「いいよ、あげるよ」といいながら、腰を上げようとしない佐和子さんを見て、私は「どこにしまってあるのですか」と催促した。佐和子さんは「倉にあるよ、倉のなかの稗櫃《ひえびつ》に入れてあるよ」。母屋のすぐそこに穀倉《こくぐら》がある。鶏小屋などいくつもの小屋に挟まれた穀倉は、一方を石垣に囲まれており、二・五間に三間の大きさで、自然石を土台にした柱がたくさん入っている倉である。倉の扉や鍵にも工夫があって、簡単に入れないようになっているのだ

上）40年の歳月を経た稗を貯蔵する稗櫃（高知県いの町寺川）

下）床下の高い穀倉（高知県いの町寺川）

が、佐和子さんいわく「焼畑を止めるころに泥棒に入られてね、この倉に」。愛媛県との県境に近いこの山間集落の穀倉に泥棒が入ったとは。よほど食料がなかったものか、と、津野氏も私も口を噤《つぐ》んでしまった。穀倉のなかは、什器などでいっぱいであったが、上にのっていた豪華なサハチ皿などを除いてみると、稗櫃は五個あった。一つの稗櫃は二石入りだと、佐和子さんはいう。五個で一〇石の稗を保存できるわけである。そのうちの一つの稗櫃には当然籾のままの状態で稗がいっぱい入っていた。虫の発生の様子もなく、稗は佐和子さんの手からサラサラと流れるように茶封筒いっぱいに詰めてもらった。その稗を大事に抱えて母屋にもどった。

ここでは稗を収穫して、蒸してムシビエにすることもあるし、生のままのナマビエを脱稃、精白することもあった。今回のような昔の稗をフルヒエという。一〇〇年もおいた稗もあったという。稗櫃に入っていた稗は、生のままの脱稃、精白をしていないものである。この状態であるから種子にもなるし、脱稃、精白して食べることもできるのである。

富士吉田市のセイロ

山梨県富士吉田市の稲作地域では籾を貯蔵するのに、土間や物置に板囲いをして作ったセイロを使った。ここは奥行一間、高さ一間、横一間ほどのもので、籾そのものを入れておいた。セイロのない家では籾を俵に入れ、倉か、土間に積んでおいた。この場合には丸太を下に敷き、俵、丸太という具合に交互に積んでおいた。こうすると、ネズミの害もなく、風通しがよく貯蔵できた。

焼畑の村の貯穀——山梨県早川町奈良田

山梨県早川町奈良田は南アルプスの山麓の村で、焼畑で雑穀をたくさん作っていた。焼畑は昭和三十年代まで行なっていた。焼畑のほかに常畑にも穀類を栽培していたが、食料としてもっとも多く作ったのは粟で、次に多いのが大麦とソバであった。稗、黍、シコクビエ、モロコシも作った。粟など穀類は脱穀し、選別して、脱稃しない実を穀箱に貯蔵した。穀箱は土蔵などにナリツキといって作り付けになっていた。家によっても違うが、高さ六尺、奥行き六尺くらいで、正面を四つに区切ってあった。その一つひとつの穀箱に、粟、大麦、ソバ、小豆を入れた。四つの穀箱のうち、一つは小さく仕切られており、その年に収穫がもっとも少ない穀類を入れておいた。穀箱のふたは正面にあり、ふたを少しずつあけ、穀物を必要に応じて取り出しやすいようにしてあった。穀箱にいっぱい入っている家は「穀があるから、あの家はお大尽《だいじん》だ」といっていた。

東京都立川市に現存する穀倉

立川市の砂川地区は近世の新田開発で成立した畑作の村である。したがって主穀は麦類で、大麦が主食であった。小麦やオカブと呼ばれた陸稲、粟、黍、モロコシ、サトイモなども生産し、サツマイモは主要な商品作物であった。この近辺の農家は広大な耕地をもち、自家用の穀物生産と商品作物を作り、江戸・東京の消費地へ運び、商業的農業を展開していた。そのような大農家が一年間に消費する自家食料としての穀物を保管していたのが穀倉である。穀倉は旧砂川九番組（現幸町）の小林家のもので、現在は立川市歴史民俗資料館の施設である古民家園・旧小林家住宅の庭に再建されて現存している。幅二間、奥行き三尺、高さ一間ほ

ど で、土台に当たる部分は地面から床をあげた状態、つまり高床式になっている。屋根は杉皮葺きである。内部は二つに仕切られており、穀物を入れた。

倉の穀櫃に貯蔵
――東京都檜原村

アジア・太平洋戦争以前の東京都檜原村の主要な食料は大麦と雑穀、明治時代や大正時代にはこれにサトイモやジャガイモも加わっていた。その貯蔵は稗を例にとれば、よく乾燥させたものは何年でももつといわれ、物持ちの家では穀《こく》櫃《びつ》があり、そこに保存しておいた。穀櫃は横六尺に縦三尺、高さ三尺のもので、蔵や物置に収納してあった。穀櫃のない家では穀物を俵に入れ、母家の土間に台をおき、四俵ずつ並べ、その上に棒を入れてまた俵を積んだ。棒をあいだに入れるのは、風通しをよくするためと、ネズミがいるときに猫が入りやすくするためであった。俵に入れ、蔵に積んでおく家もあった。

雪国奥会津の貯蔵法
――福島県只見町

奥会津の只見町は日本一積雪量が多い地域である。昔は十一月には雪が降ることを想定して作物の収穫、乾燥、貯蔵の段どりを行なっていた。米などの穀物の種子の保存は、母屋の天井の梁に専用の棚を作り、そこにカマスに入れた種子をあげておいたものであった。食料となる穀類は籾で同じようにカマスに入れ、母屋のなかにある物置に置いた。この物置は一坪くらいの広さがあり、天井の裏板に届くほどの高さに設えてあった。倉のある家は倉のなかに同じようにカマスに入れて貯蔵した。また、倉の中の角にあたる場所にセイロと呼ぶ木製の仕切りを作り、そこに籾を保存した。一石カマスに入れ、倉に三段に積んで保管した家もある。玄米をブリキの一斗缶に入れ、いろりの上部にある棚に上げておく家もあった。

東北の穀倉地帯の穀倉——山形県米沢市

米沢市は日本の穀倉《こくそう》地帯といっても過言ではないほど、見渡す限りの水田の広がる地域である。ここの大農家であった山口家の穀倉は板蔵のなかに設えてあった。昭和五十年代に見せてもらったときの記憶をたどると、幅三尺の囲いが、三尺ごとに仕切られて、いくつも続いている。高さは天井まである。一区切りを見ると、手前の囲いは板で、何枚かの板が床から天井まで連なっている。床に近い所に籾を取り出す工夫が凝《こ》らされていて、簡単に籾を取り出すことができた。収穫時に籾を入れるには上から入れるのだが、上の板をはずしておき、下から順に籾を入れていき、籾の入った箇所の上に板をはめ、また籾を入れていくのだという。この仕掛けは、天井まで籾を入れる作業は下から順に行ない、籾を取り出すときには下から行なうので、作業が楽である。この穀倉を見学したとき驚いたのは、この仕掛けのうまさと、三尺ごとの仕切りが長く続いていたことである。その長さは三間もあったろうか。その長さは調節が可能だ。豊作のときも不作のときも生産量によって加減することができる。大量に入る長い穀倉があるということはそれだけ、生産量が多いということである。なお、山口家の穀倉を見たことで、その後各地で食料の貯蔵施設を見て歩いても、穀倉の原則が頭に叩き込まれた状態で、どこにいっても驚くことはなかった。この穀倉は、私の穀倉の原点であった。

農民の旅は種子探し

石垣市の小浜勝義さんは在来の作物を多く栽培している。そしてほかの地方の種子を見ると、この種子がほしいという。たとえば、福島県の会津地方で栽培されている青豆の一種を見て、「この青豆は北陸地方に旅行に行ったとき見たことがあるから、その種子がほしい」という。種子探しに旅行に行くわけではないが、農家の人たちは旅に出れば、よその地域の畑や田んぼの様子がとても気になるらしい。同じ石垣市の八〇余歳にもなる仲島タマさんは粟を作っているが、沖縄県の伊良部島（宮古島市）に行ったとき、畑にあった粟を見てほしくなり、後日知り合いを通してその種子を分けてもらったという。黒島の又吉タツさんも「旅をしたときに畑を見ていると、あれはサイタマー（小麦の一品種）とすぐわかる。サイタマーは穂が黄色いからね」。福島県只見町の梁取フキ子さんは、今でも旅に出ると、道の駅などでその地域の物産の種子を買い求めている。自分で栽培している緑の青豆にしても、それ以上に濃い緑色の青豆ならば、栽培して食べてみることをいとわないのである。旅の途中で見た作物と種子の話は枚挙にいとまがないほどある。

尾張（愛知県）の豪農であった長尾重喬はなかなかの学者であったらしいが、幕末の安政六年（一八五九）に『農稼録』という農書を書いた人である。この人が次のようなことを書いている。

「私は以前から春と秋のころ旅行をし、道々よさそうな稲の籾種をその土地の農民にたのんで求め、二穂あるいは三穂ずつ持ち帰り、数多く作って何年間も試作してみた」（岡光男他『稲作の技術と理論』平凡社）。

東京都の多摩地方でも旅のなかで、新しい作物の種子を見つけてきたらしい。東京都羽村市の農家の後継ぎである若者たち一六人が伊勢・金毘羅《こんぴら》参りに出かけた折に、道中で見かけたネギの苗を持ち帰り、珍しい野菜として生産したのが「砂川ネギ」であるという。時は明治八年（一八七五）であるが、現在このネギの栽培や伝承は明らかではない。この若者たちの『お伊勢・金毘羅道中記』（はむら民俗の会『お伊勢・金毘羅道中記』羽村市教育委員会）の解説には、若者たちが旅の途中で着目した点をあげているが、そのなかで「田畑に何を作っているか（作物）」を一点目にあげている。そして「名所旧跡を訪ねる観光の旅というよりも、村の暮らしをより豊かにする目を養って、地域の村に還元したことがよくわかる」と述べている。ここで述べられているように、旅は各地に展開する農業や文化を吸収するという実質的な研修旅行であった。

東京都練馬区の種子屋通り

東京都豊島区巣鴨から北区滝野川に至る中山道《なかせんどう》は、明治時代から昭和十年代まで「種子屋通り」と呼ばれ、野菜の種子のメッカであったという。「大正中期には二〇店以上の種子問屋が並び、全国各地の農産種子の一大集散地形成し」（豊島区立郷土資料館『一粒入魂――日本の農業をささえた種子屋』）、近代日本の農業を支えた。ここは単なる種子屋ではなく、種子問屋であった。豊島区や北区だけではなく、練馬区や板橋区も含んだ種子屋の町であった。その歴史は江戸時代までさかのぼり、地方の農家の人が江戸見物にきて種子物を買う、江戸の種子屋も買うという具合であった。種子屋通りの中心地であった北区滝野川で、現在も有名な滝野川ゴボウの種子を元禄年間（一六八八～一七〇四）に、滝野川ニンジンの種子を享和年間（一八〇一～一八〇四）に売り出したと伝えられている。享保年間（一七一六～一七三六）や宝暦年間（一七五一～一七六四）に刊行された本にも滝野川の近在で生産された夏大根の種子が「上方など諸国で名声を博していた」と記載されており、近郊だけでなく、遠方の地にも知れ渡っていたことがわかる（練馬区郷土史料室『練馬の種子屋』）。現在も練馬大根として有名なダイコンは天和三年（一六八三）

の地誌に歌学者によって「府内の料亭の馳走として紹介されていた」とされ（練馬区郷土史料室『練馬の商品作物と漬物』）、近現代だけでなく、練馬大根の需要は古くからあったことがわかる。練馬大根はたくあんとして漬物に加工され、毎日の庶民の食卓きに欠かせないものとして親しまれてきて、いわば、米糠による発酵食品の代表、ひいては日本の食文化の代表である。たくあんは近代において、軍隊や軍港、遠洋漁業船の労働者たち、重工業に従事する人たち、織物などの工場で働く女工たちの主要な副食物であった。このようにみると、いかに、膨大な需要があったかがわかる。練馬大根の生産は種子屋通りに近い近在の農村地帯で、一大産業をなしていたのである。ダイコンだけでなく、近在の農家や遠方の農家の野菜の種子需要に応《こた》えるため、北区、豊島区、練馬区、板橋区等々の耕地は採種場となっていった。大正期において豊島区の旧巣鴨村のある種子屋は採種を委託しており、その地域は埼玉県、千葉県、東京などにわたり、一六軒を数えていた（阿部希望「近代における野菜種子屋の展開」『農業研究史』第四四号）。

現在も食卓に上るたくあんの歴史は、種子屋通りからも発信されていたのである。

東京の五日市街道にあった種子屋小林藤兵衛家

東京の多摩地方を東西に貫通する五日市街道は五日市から日本橋まで約四〇㎞といわれ、その中間点が、近世の初期開発された新田村落の砂川村であった。五日市街道沿いの九番組にあった小林藤兵衛家は天保四年（一八三三）創業の種子屋で、正治さんが当主である。創業年代がはっきりしているのは、当家の宣伝用マッチの絵柄に「天保四年創業」と書いてあったこと、創業年代を書いた看板もあったか

種子袋用木版をもとにつくられた灰皿（東京都立川市幸町）

種子を入れる簞笥（東京都立川市幸町）

らである。子どものころから店の仕事を手伝ってきた正治さんが店を閉じたのは平成三年であった。その記憶をたどると、種子屋の様子がよくわかった。

当家に所蔵されている資料にある記銘によるともっとも古い斗掻き棒らしい道具に「天保七年七月吉日」とある。種子簞笥《たねだんす》の墨書に「武州砂川村　萬種物　種屋藤兵衛」などがある。「本場浅請合　中山道通三軒家　本店越部浅次郎　萬種物販売所　北多摩郡砂川村　支店　小林藤兵衛」とあるのは、種子袋の木版をもとに作られた灰皿である。文字にある「中山道通三軒家　本店越部浅五郎」は北区の大手の種子屋であろうと推測できる。なお、北多摩郡とあるので、明治十一年（一八七八）の多摩郡が二市・北・南の三郡制になってからのものといえよう。

また、「東京府多摩農産種子業組合事務所」の看板は、「東京府……」とあるので、東京が都制を敷いた昭和十八年（一九四三）以前のものといえよう。年代が確定できず、残念であるが、多摩地域の農産種子業界の組合事務所を担当していたことが明らかである。

種子屋としての小林藤兵衛家が多摩地方にあっては重要な役割を担っていたのは組合事務所の看板を所有していたことでもわかるが、正治さんの話はそのことを裏づける。当家は、武蔵村山、東大和、小平、田無、立川、国立、昭島など北多摩郡から西多摩郡にかけて西部地域の種子の配給所になっていた。また、原種を扱い、小平方面まで採種の依頼をし、その種子を農協や東亜種苗に納めていた。キュウリの種子などが多かった。砂川ゴボウは砂川村の特産品で、博覧会で銀賞をもらった。現在はその種子はもっていない。

砂川にも種子屋が何軒かあったが、大きな店ではなかった。砂川六番にも種子屋があって、縁側においたガラスケースに種子を並べておいて販売していた。立川駅の南口や北口にも種子屋があった。現在の河合塾付近（立川駅北口）にも種子屋があった。

国分寺市西町の旧中藤の寺本家も種子屋であった。調布市の飛田給にも種子屋があった。青梅市にある青梅種苗は現在も営業している。アジア・太平洋戦争中には種子の配給があり、近隣の種子屋同士が集まり、種子をトラックで種子を採るための畑に運んだ。

ホウレンソウの種子一斗がカマスに入って立川駅に着くので、駅からはトラックで運んだ。そのうちにカマスから麻袋に変わった。ホウレンソウの種子はトゲトゲの種子で、それを小袋に入れて販売した。小袋も絵柄がいろいろとあり、大きさも違うものがあった。

小学校一、二年生のころ、親父に連れられて八王子市の横山町に行ったことがあった。ここには毎月四と九の日に市が立ち、市日に種子屋も店を出したのである。原町田（町田市）には肥料屋があり、ここにも種子を持っていった。横浜にも使いっ走りで行ったり、所沢などにも行っていたりした。逆に、山梨から泊まりがけで小林家に種子の仕入れにきた人もいた。こういう人にはご馳走を出してもてなした。

奥会津の「梨種子」を売り歩いた三代記

福島県只見町の大倉集落は有数の米作りの村である。しかし、米作りだけで成り立つほどの水田に恵まれているわけではなく、中山間地の典型的な山仕事と稲作・畑作の複合経営の地域である。この大倉に「梨種子」を買う仕事をしていた人がいた。「梨種子」とはどんな種子のことだろうか。ナシの実を買って、それから取った種子を販売した三代の祖父・親・子の仕事を振り返ってみよう。

永井元美《もとみ》さんとその娘由美さんは「梨種子」の仕事をしてきた人である。元美さんは二代目の徳造の妻であるが、山形県の鶴岡市出身である。大正十一年生まれで、平成二十四年現在で九〇歳である。

大倉の永井家はもともと「梨種子」を売るために、各地に出かけてナシの実を買い付けていた。先代の歳造さんが鶴岡市に出かけ、ナシの実を買い付けていたときに知り合った元美さんの伯母の元恵さんが歳造さんの後妻になり、元美さんはその手伝いとして昭和十八年に大倉にやってきた。歳造さんが亡くなり、元恵さん一人にしておけないので、面倒をみながらいっしょに住んでいたところ、昭和十九年十二月に中国に出征していた歳造さんの息子徳造さんが帰還してきた。徳造さんと元美さんは同月十二日に祝言《しゅうげん》（結婚式）をあげて、二代目の梨種子屋になった。

鶴岡市でナシの実を買い取るには、仲買の人にほかの家のナシの実を買い集めてもらい、大倉に持ち帰って梨種子にした。大倉を中心に只見町や隣村の南郷村、伊南村（現南会津町）にもナシの実を買いに行った。只見町では当家がナシを買いに来ると「ナシの種子ケエ（買い）がきた」といっていた。ナシの実を落とす木製の道具をベーギと呼び、子どもたちはこれをナシの実めがけて投げつけ、実を落とした。梨種子の売り先は静岡県の引佐郡であった。梨種子を播いて、苗木にして接ぎ木の台木にした。台木にするにはナシの木は実がうまくない木のほうがよいといわれ、あちこち、ナシの木がある家を訪れ、ナシの実を売る家があれば買った。ナシの実を潰すのは当家の女たちであった。子どもでもできる仕事なので、三代目の由美さんはナシを潰すのを小遣い稼ぎにしていた。ナシの木を一本買ってもらって、実を落としてもらい、潰して種子を取るのである。麻の精製に使う苧舟《おぶね》に実を入れ、木槌《きづち》でたたき、種子を傷つけないように取り出した。これを洗って乾燥させて売るのである。乾燥させた梨種子を「手ぬぐい袋」や麻布の袋に入れ、小包にして郵送した。由美さんは小学生のとき、登校ついでに梨種子の荷物を作り、郵便局に持って行ったが、受け取ってもらえなかったときがあったという。当時、小包は六kgまでの重量制限があったが、それを少しオーバーしていたのが原因であった。わずかな重さのために学校に行くに行けず、困ったという。

また、当時の金銭にして三万円になったことがあったので、親戚の嫁が結核にかかり、三万円のうちの二万円はその治療費にあてることができたという。昭和三十年代後半のことであった。

梨種子の仕事は秋から春までの仕事で、それ以外の季節は土建業や山仕事、養蚕などをしていた。農閑期の現金収入の道として梨種子販売は永井家とその親戚がしており、昭和三十年代後半までやっていた。

昭和三十年代の地域おこしに「苗おこし」

アジア・太平洋戦争後にGHQと政府主導によって始まった地方復興として生活改善運動が全国で盛んであった。台所改善や被服の見直し、冠婚葬祭の簡略化などさまざまなかたちで行なわれた。この運動の一つに公民館を中心にした新生活運動があった。暗いイメージの伴う戦前の暮らしを改善し、明るい生活を作り出そうとした活動で、男女ともに青年団活動として文化的、精神的活動を中心にした地域おこし運動であった。

奥会津地方も活発な若い人たちの活動があった。福島県只見町大倉の若い人たちの生産グループの「苗おこし」を見てみよう。

この会は昭和三十五年（一九六〇）に始まったもので、活動の中心が「苗おこし」であった。種子を播いて苗に仕立てて、販売するという活動であった。この苗おこしが始まる前は、当地域では春になると、遠く離れた会津若松市の種子屋から買ってきた種子を各農家が播き、野菜を作って自家消費に充てていた。生産グループのリーダーだった永井元美さんは前項の「梨種子屋」の二代目の妻であったから、種子や苗物には詳しい。会津若松市から種子を買ってくる地域の農家を見ていた永井元美さんは、次のように思ったそうである。現金収入の少ない山間地のこの農村で、ほかの地域から金銭を出して種子を買っていては地域の損だ、なんとかして当地で苗を賄い、村から金銭の流出を防ぐ方法はないだろうか、自分たちで地元の農協から種子を買って苗に仕立て、販売すれば、他地域への金銭の流出が減り、地域内で金銭がまわるのではないか、と。

只見町では当時「アキアゲ（秋上げ）」といって、会津若松市の青物市場から何台ものトラックで野菜を運び、青空市場を開いて売っていた。野菜はおもにダイコンなどの保存用野菜であった。購入者は非農家の家が中心であったが、農家でも作柄が悪い年には買って保存した。とても売れたという。永井元美さんはこのようなアキアゲの様子を見て、地域には作物も作らずあまっている畑があるのに、ほかの地域から野菜を買っているのはおかしいから、地元野菜を苗から作り、地域で賄って、金銭の還流をさせたいと考えたのである。要するに、苗も野菜も自分たちの手で作り出して地域の経済を潤すようにしたのである。その活動の中心が生産グループであった。全体的な指導をしたのは地元の農協と農業改良普及所であった。

地元の農協から種子を買って、種子を播き、苗に育てて販売をするようになった。この種子はジダネ（在来作物の種子）ではなかった。当地域は三月下旬になっても一mほどの雪は積もっているのがふつうであった。その雪を掻き分けて地面を掘り出し、電熱線を土のなかに埋める作業が最初である。これは専門の業者がした仕事で、積雪の多い地域でも種子播きができるようにする施設である。東北電力にその工事の許可をもらい、地元の電気関係業者が地中に電熱線を敷設した。この使用は雪が消えて畑に支障がなくなるまで約二ケ月間であり、その使用料も支払った。このうえにハウスを建てて、内部の温度をあげて種子播きをした。電熱線だけでなく、山や土手から刈ってきたカッポシと呼ばれた草を苗床にして水をかけて発酵させ、種子を播き、苗を育てた。只見町は毎年三ｍ以上も積雪があり、種子播きの時期はだいぶ雪も消える時期であったが、それでも雪掘りをして苗床を確保したのである。雪掘りというのは三ｍも積もる雪を掘ってどこかに移動してスペースを作る作業をいう。屋根に積もった雪を下すのも雪掘りといい、積雪量の多い只見町独特の除雪作業の言葉である。

苗おこしの作物の種類は、トマト、ナス、キュウリ、サツマイモ、キャベツ、セロリ、ナンバンなどであった。トマトの苗は転作作物として水田に作った。一人五畝ずつであった。ナス苗は一人一畝であった。

種子播きの時期は四月上旬で、本葉が出るころになると、作物によっては苗床から路地に植えかえて、苗の根を張らせてから販売するようにした。この露地に植えかえる作業を仮植といった。仮植した苗はよく根を張り、根付きがよかった。現在ならばポット植えに当たるが、当時はポットがなかった。トウガラシなどは仮植せずにそのまま育て、販売した時期は田植えが終わる五月下旬から六月上旬であった。一〇本、二〇本と束にして新聞紙にくるんで、販売に備えた。

次は販売である。まず、只見町の農協に相談して、各農家に苗の注文を取ってもらった。注文に沿って、生産グループが農事組合に苗を持っていき、農事組合が各農家へ配達した。注文の量は五〇本とか一〇〇本とかであった。配達した地域は只見町全域と隣村である南郷村（現南会津町）の和泉田などであった。しかし、注文があれば少し離れた檜枝岐《ひのえまた》村にも配達した。この当時は自転車を使って運搬していた。苗おこしは一〇年ほど継続してやっていた。これを辞めたのは「協業」といっていた政府指導の農業構造事業として養蚕を始めたからである。しかし、すでに養蚕と絹織物の時代ではなくなっており、事業は失敗であった。

現在、只見町はトマト、キュウリなどの野菜栽培が盛んで、埼玉県や東京都のスーパーマーケットで販売されているが、産業としての野菜作りの先端を切り開いたのは昭和三十年代に始まった「苗おこし」であった。

当時のメンバーであった三瓶咲子さんと三瓶恭子さんは語っている。農業基本法の成立（昭和三十六年）したころのことで、今後の農業をどうするか、を頭において、稲作と野菜栽培、畜産で農家の現金収入は一〇〇万円に満たなかった。それで「一〇〇万円を作る会」を作り、「現金化できる作目をどう作るか」を模索した。

「苗おこし」を継続しているころ南会津町の下郷で開かれた婦人会で、三瓶咲子さんは苗おこしについて、三瓶恭子さんはトマト作りについて発表した。二人の発表は、先駆的な活動として高い評価を得た。

種子交換とは

「種子交換」と簡単に記してきたが、岡光男氏の『稲作の技術と理論』（平凡社）には、「一般に甲地より乙地に、やや風土を異にする所より種子を求めて栽培することを〝種子交換〟という」とある。この意味するところは、種子の内実を更新する、というところにあろう。ほかの人が持っている種子をもらい、自分の持っている種子と交換するという意味ではないらしい。したがって、一方的にもらい受けることも「種子交換」である。

この項では種子交換について、岡光男氏の著書によって近世の稲作研究に沿って述べてみる。実は、野菜はともかく、粟や稗のなどの雑穀の種子に関する研究が少ないのがその理由である。同書によれば、種子交換の目的は、風土の異なった地域の種子を導入すると、「稲の場合には〝適応変化〟現象が生じ、茎や葉や根などが大きさを増して、収量が増大する」。しかし、種子交換をしても最初は増収になるが、五、六年目から減収になる、という。「栽培地を変えることから生じたプラスの現象が、同一地に連作することによって停頓するばかりでなく、品種固有の特性を失い、〝種子変わり〟して米質が悪変し、収量が減少するのである。したがって、種子交換は数年ごとに行わなければならない」。

このような「種子変わり」について述べた最初の記録は十七世紀前半の『清良記』である。種子交換について述べた農書は十七世紀後半の『百姓伝記』等々数多くあり、すでに百姓の常識になっていたといわれている。

『百姓伝記』によれば、寛永十年（一六三三）ごろ奥州の白河藩では「藩主が諸国より種子籾を集め、直営田で栽培して苗を農民に配布し、種子交換した」ために上質米が産出していると述べている。次の例は、日向国《ひゅうがのくに》飫肥藩《おびはん》のことで、寛保二年（一七四二）に藩主が武蔵国荒川の工事普請を命じられたさいに見つけた稲種子を持ち帰った。その種子は当初「荒川種」と称して栽培されたが、「清武弥六」と命名されて定着したという。これも藩主主導のもとに種子交換をして、地域の振興を促した例である。そのころになると、民間の老農といわれた地域農業の指導者たちが種子交換をするようになっていたが、飫肥藩では藩主がその指導的役割を担っていた。米沢藩では明和四年（一七六七）に藩主となった上杉治憲（鷹山）の治政下に種子交換を行なっていた。農民が村外もふくめた地域内の良好な作毛を決定し、その栽培主から種子籾を購入し、種子交換をする慣行があった。これは農家に「非常に便利がられ」て、明治二十年ごろまで行なわれていたという。

十八世紀中葉になると村落で種子交換をすることが盛んになり、種子籾需要も広範囲になり、採種業者もあらわれた。一例をあげれば、宝暦年間（一七五一～一七六四）の越中の五か新村で種子交換をしていたところ、広範囲な需要があるので、周辺七ケ村で種子場を形成し、近代まで継続したという。明治二年には種子籾の販売量は一八五〇石であったという。近辺の村で良質の種子を育成できるのは、土質と排水の状況、冷涼な気候により病虫害を受けにくい風土のためであるといわれている。

このように近世中期になると、藩主・藩指導から地域の豪農や農民層も積極的に種子交換のシステムを生み出し、良質の稲作りに力を注ぐようになった。

また、直接生産者である農民以外にも種子交換に熱心な信仰集団も出現した。それが不二道（富士道）である。もともと不二道は農業生産にも著しく貢献しており、その一つに種子交換を行なっていた。不二道は慶長年間（一五九六～一六一五）に角行によって創始された不二信仰であり、幕末になると八代目食行身禄により広域な種子交換を行なった。種子籾提供地域は長崎や大阪をはじめ、愛知県、静岡県、関東各地一〇〇三俵の提供があった。種子籾を配分された地域は関東であるが、二二八ケ村二〇四七人に上ったとされている。一人二斗ずつの配分であった。

不二道の種子交換で注目すべきことは、明治十五年（一八八二）に栃木県で実施され、十六年に稲籾だけでなく、麦、粟、黍の種子を大日本農会に寄贈し、感謝状を受けたことである。

これまで右に記してきた種子交換はすべて稲籾についてである。実際に種子交換の対象になっていたかどうか不明であるが、粟や麦、黍などの稲以外の種子籾については、右の引用した研究には記載されていない。そういう意味において、粟、麦、黍の種子について記載があるのは貴重である。種子に関する研究が少ないこともあるが、種子の研究は稲に集中して行なわれているのが現状で、麦や雑穀等の種子についての研究はきわめて少ないといわざるを得ない。

第二部

種子と神

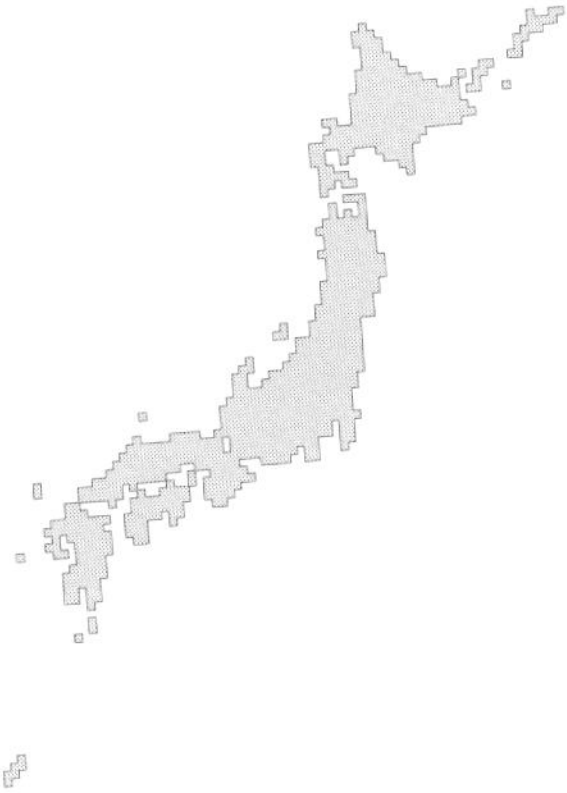

第五章 神が仲立ちする種子の継承

種子換え地蔵

高知県には「種子換え地蔵」という一風変わった地蔵様やエビス様がいる。

愛媛県と接している四国カルストで有名な檮原村《ゆすはらむら》（現檮原町）の越知面区上本村の竜ヶ森という山にもそのエビス様が祀られていた。旧暦十月最初の亥の日に、上本村のエビス組の人たちは当番で祭事を務めていた。この祭りには参拝者がキビ（トウモロコシ）や粟、タカキビ（モロコシ）などその年に収穫した穀物をお供えした。そしてほかの人がお供えした穀物のなかから、自分が翌年栽培したい種子をいただいて帰った。

同じ檮原村の西部にある雨包山にもエビス様が祀られている。十二月の初亥の日には愛媛県城川町（現西予市）の野井川の人たちによって祭りが行なわれる。参拝者はキビをお供えに持参し、他人の供えた「種キビ」をいただいて帰る。

檮原村の南に位置する十和村（現四万十町）と愛媛県の日吉村（現鬼北町）境にある地蔵山には、

土佐地蔵と伊予地蔵の二体が祀られているという。旧暦四月二十四日と九月二十四日が縁日で、参拝者はキビ（トウモロコシ）と道中で手折ったシキビ（シキミ）の枝をお供えし、他の人がお供えしたキビとシキビをいただいて帰り、キビを種子にすると豊作になるという。シキビは畑に挿しておくと、虫よけになるといわれていた。高知県と愛媛県の境に位置しているので、参拝する人は両県から来るので、信仰する地域も広範囲であった。

この三ケ所のエビス様、地蔵様は祭りの日に、参拝者が自分で栽培した穀物の種子を供え、ほかの人の種子をもらうという種子の交換を神様の前で行なっているもので、祭りの日は、出店が出たり、相撲大会が行なわれたりして、遠方からも若者も来てたいそう賑やかだったという。若者も男女ともに集まり、他郷の男女の知りあう場にもなっていた。そのため、十和村の地蔵様は「見合い地蔵」とも呼ばれた。種子が行き交う神様の祭りの場は、人の行き交う場でもあった。以上の話は高知県の民俗学者津野幸右氏から聞いたものである。

種子を交換するのは、自家採種して毎年同じ種子を使うと、次第に種子が劣化したり、作物として実ったものも劣化するからである。

巡礼がもたらす種子

高知県四万十町の口神川あたりにはヘンドヨリという名の香り米があった。アジア・太平洋戦争前までは県内各地で香り米の、「ヘンドマイ、ヘンドボウス、ヘンドシンリキなどという名前の品種が栽培されており、それらは四国巡礼の途上で、稔りのよい稲穂をこっそり盗ってきて栽培し始めたもの」といわれている（高知県教育委員会『高知県歴史

の道調査報告書 第二集 ヘンロ道』)。

麦にも「へんろ」と名前のついた品種がある。この麦種子はハダカムギで、一夜を求めた家で出された麦飯の小粒なのを見た四国遍路が自分の持つ大粒で、収穫の多い麦種子を分け与えた。その家で翌年にこの種子を播いたところ、多収穫と大粒の実、それに「草性の強さ」という特性がわかり、近隣の農家からの問い合わせがあった。しかし、品種名もわからず、四国遍路がもたらしたので「へんろ」と名づけた。昭和時代まで栽培されていた土佐清水市の一帯に「仏の慈悲による多収穫、強健麦」として伝えられ、栽培も広がっていったという(同書)。

種子を運ぶ六十六部

六十六部(六部ともいう)とは四国の八十八所などの聖地を巡る民間信仰者のことである。彼らは生地に帰り、「六十六部」と銘を刻んだ石塔などを建立して大願成就がなったことを顕彰した信仰者もいる。長い間、諸国を歩いて回り、世間の文化や情報を得て、故郷に帰り、地域に大きな貢献をする六十六部もいた。その伝説のひとつが麦の伝播に関するものである。

東京都羽村市の明治十六年生まれの下田トリさんが語った「麦の伝播」は次のようである。

昔、六部が四国を巡礼したとき、故郷では見かけない麦の種子があるので、もらい受けようとしたら断わられた。そこで六部は、朝、出がけにワラジをはきながら、そのワラジの紐に麦の種子三粒をよりこんできた。このようにして持ってきた種子を羽村周辺に広めたので、その麦を「四国麦」と呼ぶようになった。

もっとも、シコクムギは「四国麦」ではなく、「五畝の広さの畑から四石《しこく》もとれる麦」だという多収穫の麦としての伝承もある。

善光寺詣りの牛と麦の種子

ある老婆が牛の角に手ぬぐいを引っ掛けてしまい、その手ぬぐいをとろうとして、どこまでも牛を追いかけて行ったら、長野県の善光寺まで行き着いて、知らぬ間に善光寺詣りをしてしまった、という話から派生した種子にまつわる伝説がある。

牛を追っかけているうちに善光寺に行き着いた。ところが、牛は倒れて死んでしまった。そこで寺に牛を埋めたところ、麦の種子が生えてきた。牛の爪は二つに割れているので、その割れ目にはさまっていた麦の種子が生えたものである。それで麦は牛の爪から生まれた穀物なので、丑の日を選んで種子播きをするとよい、といわれている。

この話を伝えていたのは、東京都檜原村の明治三十一年生まれの小田海栄さんである。話が断片になっていたものであるが、意味するところは、丑の日に播種すると豊作になるという麦の由来譚である。この由来譚は六十六部などの巡礼者にかかわるのではなく、「牛に引かれて善光寺参り」という説話に、麦の由来譚が加わったもので、善光寺をめぐる信仰の一端というべきであろう。ここにも神仏と種子のかかわりを見ることができよう。

神様が教えてくれた粟や稗のこと

もうひとつ、民間に伝わっていた種子伝来譚。大きな鳥が子どもをさらい、数日の後に知恵をつけられた子どもが帰ってきた話から派生した種子の話で、東京都立川市の砂川地区の清水クラさんが語ったものである。

大きな鳥が穀物の穂をくわえてきて田んぼに落としたので、村の人たちは集まってその種子を播いて作るようになった。それが粟や稗だったという。イチョウの実も鳥がくわえてきたので、「植えなさい」といっているような気がして植えてみると、どんどん大きくなって実ができるようになった。

実を食べたら、食べ物の足しになった、という話で、種子を運んできた大きな鳥は神様の化身で、種子を与え、栽培の仕方を教えてくれたのだ、と村の人たちは考えた。

このように鳥に姿を変えた神様が種子をもたらし、農業を教えるという話は各地で語られてきた。しかも、この話には教訓話までついている。神さまに種子をもらい農業を教えてもらった村の隣村は、よく働くけれど、とても意地悪な人たちだったから、神様は教えなかったのだとも語られるのである。ここで語られるような鳥が作物の種子や穂を落としていったことから、その地域で作物が栽培されるようになった話は「穂落とし神話」として全国にある。

種間寺と五穀の種子

高知県を訪れて、明日は帰京という日に思わぬ空白の時間ができた。高知県の地図の裏に名所旧跡の案内が書いてあった。それを見ているうちに、「種間寺《たねまじ》」という項目があり、その名前にひかれて、翌日に訪問できるように行き方などを調べた。種間寺は高知県春野町にあるのだが、バスの本数も少なく、交通のたいへん不便なところであった。交通の不便さのわりには春野町の印象はよいところであった。高知市の南西に位置する温かな気候の恩恵が農業にも暮らしにもふんだんに受けているように思われた。海に面しているのではなく、小山というか小さな丘のような山が点在して、海風をさえぎり、台風の影響も間接的な被害になるだろうと想像された。耕地や原に流れている小川の土手は土の土手そのもので、コンクリート尽くしの河川とは違う風景がどこまでも延びているのであった。春の草摘みにも夏の野草の花が咲く情景さえも目に浮かびそうな土手。のびやかな日本の風景があった。

さて、地図の紹介では、種間寺は「〝今昔物語〟にも登場する四国霊場第34番札所。寺号は、弘法大師が中国から持ち帰った五穀の種を蒔いたことによる」とある。その話にひかれて、種間寺を訪れると、寺そのものには何も伝承されておらず、境内のお土産屋さんに聞くと、その話ならこの本に載っていますと教えてもらったのが藤田浩樹氏の『土佐の国霊場の昔話し』（フジタ）である。それによると、

　開かれた寺を種間寺と名付けられたのは、お大師さまが唐へ留学されて、帰国されるときに持ち帰られた、稲、麦、粟、稗、豆の五穀の種をこの地にまかれたことからなのです。

弘法大師が留学先の唐から五穀の種子を持ち帰り、当地に播いて広めたことから種間寺という名称がつけられたわけである。

弘法大師は、高知県高岡郡四万十町の岩本寺に伝わる七不思議の一つ「三度栗」の伝説にもかかわっている。

子供達がお大師さまに差し上げ、もし栗が一年に何度もとれたら良いのにといいました。これ

を聞いたお大師さまは、うなずかれて去って行かれました。そして、不思議なことに翌年から一年に三度も栗がとれるようになりました（同書）。

この栗の話は一年に三度も実がなるというもので、弘法大師が栗の品種改良をした話にも読み取れる。このことは別にして、弘法大師が種子や作物におおきな影響をもたらし、そのおかげで地域が豊かになった話は全国にある。弘法大師が庶民の心を基に、世の中の暮らしがよくなるよう、全国を歩いてさまざまな施策をしていたと解すべきであろう。

弘法大師と種子伝来

高知県の「種間寺と五穀」の話でわかるように、弘法大師の行脚は種子とともにあるといっても過言ではない。しかも、その足跡は各地にある。ここでその足跡をかいまみてみよう。

弘法大師が種子にかかわった話は数多く、「弘法の麦盗み」「弘法とそば」などがその典型である。前者の話は、中国に留学した弘法大師がまだ日本に知られていなかった麦をみて、日本に持ち帰ろうとひそかに麦の種子を盗み、自分の足を傷つけ、そこに種子をかくした。それを見ていた犬が弘法大師に吠えたので、麦畑の持ち主が犬を殴り殺した。弘法大師は麦の種子を日本に持ち帰り、日本でも麦を作ることができるようになった。殺された犬を悼み、戌の日に麦の種子播きをする習俗があるのは、「弘法大師の麦盗み」にちなんでいる。高知県の例では、弘法大師の足に隠したのではなく、牛に食わせて持ち帰った、そのため弘法大師と牛の苦労を偲んで、丑の日に麦の穂かけを作り、エビスさんに供えるという。

シコクビエは稗とは異なる作物で、異称がとても多い作物である。また、四国稗と表記されることもあるが、かならずしも「四国」を伝播元にしているわけではない。異称の多いシコクビエの名称をあげると次のようになる。

高知県の本川地区や徳島県では、シコクビエはヒジリと呼ばれている。全国でみると、弘法ビエと呼んでいるのは愛媛県、鳥取県、岐阜県、長野県、愛知県、静岡県、山梨県、神奈川県で、弘法キビと呼ぶのは静岡県、お大師キビと呼ぶのは高知県、愛媛県、熊本県、奈良県、高野ビエと呼ぶのは高知県である。以上は弘法大師が伝播させたと想像できる名称である。しかし、シコクビエの名称はもっと多様で、鴨の足に似ているところからカマシ、チョウセンビエなどと呼ばれていた。

馬鈴薯も異称の多い作物であり、やはりコウボウイモ、お大師芋といわれて弘法大師にかかわる名称をもっている作物である。鳥取県のクマノイモ、大阪府のギョウジャイモは熊野行者、宗教者が伝播にかかわっていたと推測される。

トウモロコシにもお大師キビの名がある。高知県では、とくに赤紫や黒っぽい粒がまじったトウモロコシを「豊作になる」といったり、その粒を「お大師からいただいたもの」といったりする。逆に縁起が悪いという地域もある（『高知県歴史の道調査報告書　第二集　ヘンロ道』）。

全国を歩く穀物伝来の神

穀物の種子を人々にもたらしたのは弘法大師だけではない。大林太良は穀物の伝来に関する分類のなかで、穀物盗みのモチーフを三つに類型化している。それによると、穀物盗みのモチーフは全国にみられるもので、①狐の稲盗み、②マレビトと稲盗み、③麦盗みと犬に区別できるという。

最初に、①狐の稲盗みを紹介すると、一匹の狐が中国から稲穂を盗み、竹の棒の中に隠して日本に持ってきたというのが話の大要で、竹の棒に稲穂を隠して持ってきたところから、水田の苗代儀礼に関係しているという。さらに、狐は、稲荷さまや大黒さま、オカマサマ（竈神）の化身であるというのである。盗んだ穀物は稲穂ばかりではなく、稲種子、粟、ハダカムギ、稗、黍である。この話は東日本に多くみられる穀物伝来譚である。

次に、②マレビト（来訪神）と稲盗みの話の大要は、〝大師〟という名の一人のマレビトが宿を乞うたが、どの家も断るなかで、貧乏な一人の老婆が泊めたが、食べるものがないために隣人の田から稲を盗んでもてなす、という日本古来からの伝説が基底にある。ただ、この伝説は直接穀物の伝来に結び着いていないので、詳細は割愛する。

第三番目の③麦盗みと犬の話は先に紹介したもので、西日本に多く伝承されている穀物伝来譚である。伝来した作物は麦のほかに、米、サトイモなどがあげられている。〝大師〟は弘法大師とは限らず、「〝ダイシ〟という名は、〝聖なる人間〟ばかりでなく、特定的には仏教の聖者を意味している」（大林太良『稲作の神話』弘文堂）。

大林太良氏は続いて興味あることを記している。日本の古い時代には仏教の僧侶が「新しい農業技術の主な担い手ないし普及者として作用した」というのである。古代にあって僧侶たちは、新しい知識の導入、とくに中国からの知識と技術の指導者、あるいは地域のリーダーとしての役割を担っていたわけであるから、このように僧侶、宗教者、信仰者は種子の伝来に関係していてもおかしくない。その頂点に弘法大師がいたわけで、聖なる宗教者が、次第に民間に親しまれていた弘法大師に想定されていったことは想像されることである。

一方、アイヌの場合は稗と粟が重要な作物であり、二つの作物は稗が妻で、粟が夫という夫婦の穀物とみなされているという。稗はアイヌの英雄であるオキクルミが天上世界から種子を盗もうとして、自分のすねを傷つけ、種子を隠して去ろうとしたが、種子盗みの行為を見つけた犬に吠えられながらも持ち帰ることができたという「麦盗み」のモチーフを基盤にしたものである。粟は日本から盗んできた種子によるものと語られており、大林太良氏によれば、天上世界ではなく、日本から盗んできたとする伝説は、天上から持ち来った稗よりも新しい穀物であろうとしている。

第六章　種子が内包する穀霊

神饌と種子の保存

沖縄県の石垣島や西表島を中心とした島々を八重山諸島と呼んでおり、ここでは五穀の種子物を神饌《しんせん》として御嶽の祭祀に奉納する。とくに、豊年祭には「五穀物種（グククムヌダニ）」と呼んで五種類の種子を入れた籠を奉納する。同時に、翌年の五穀の種子を農の神様（サイリやミルク神）から村の神司《かみつかさ》（女性の祭司）に手渡される。そうした一連の儀礼が現在も継続している。ここで奉納されたり、授けられたりする五穀物種の籠に入っている物種子は、地域の一部の人たちによって栽培されているが、一時は栽培する人が少なくなり、存亡の危機に陥っていたこともある。現在は、物種子の重要性に気づき、栽培する人たちも多くなった。これらの祭祀と神饌については、拙著『雑穀の社会史』や『雑穀を旅する』に詳述してあるので、ここでは割愛し、静岡県の例を述べておきたい。

静岡県森町鍛冶島の日月《じつげつ》神社の秋の祀りに奉納される特殊神饌（固有の神社の固有の祭りに供えら

れる特定の神饌）は粟おこわである。氏神さまに奉納されるとともに、祀りに参加した村人たちにも神さまからの頂き物としてふるまわれる。この粟の栽培は氏子の家で栽培されるもので、一年ごとに替わる頭屋《とうや》と呼ばれる家が受け持つ。この日月神社では中世以来の宮座と呼ばれる祭祀組織によって祭祀が行なわれるが、祭祀の儀式の重大な点は、毎年粟を栽培する頭屋が替わるので、当年の頭屋から翌年の頭屋へ粟の種子（粟の穂）を渡すことにある。宮座は中世以来の党首をはじめとする二十戸の旧家によって構成されているが、宮座の家主が見守るなかで、翌年の神饌になる粟の種子の受け渡しが行なわれる。これは神の前における種子の授受であり、永代の種子の継承を意味している。継承された粟の種子は翌年頭屋の家で栽培され、祀りには粟おこわとして奉納されるのである。昔は粟の栽培も多くの家で行なっていたが、近年は栽培する家が少なくなり、栽培技術も伝わらず、栽培の継承が困難になっている。

雑穀の栽培技術の継承は八重山地域でも同じことであったが、石垣市の神司である石垣直子さんは、自分で栽培して神様に奉納したいと栽培を教えてもらっている。教える人は竹富島の祭祀に関して後継者を育てている高嶺方祐さんである。静岡県磐田市の府八幡宮の特殊神饌は、粟の穂と橘とナスであるが、粟の穂を栽培するのは神官である。さまざまなかたちで種子は継承されていっているわけで、時代や地域によってそのかたちが異なっているのは当然のことである。

竹富島の種子取祭の種子下ろし儀礼

八重山諸島の一つに竹富島があり、ここでは種子にまつわるさまざまな儀礼が行なわれている。一年間にわたって、種子と作物の成長を願い、収穫後は感謝の意を神様に伝えるのが神祀りである。

竹富島で行なわれる年間の神祀りは三三回を数える。それらの儀礼は、神の地であるニーランから五穀の種子を持って八重山に渡ってくるニーラン神を迎えることから始まる。この祭祀がユーンカイ（世迎え）である。竹富島のニーラン石のある浜でニーラン神を迎え、五穀の種子を授かり、八重山の島々に配るのがユーンカイである。この五穀の種子を畑に播く儀礼がタナドゥイと呼ばれる種子取祭である。種子取祭は村全体で行なわれる儀礼・奉納芸と各家で行なわれる儀礼がある。そのうちの各家で行なわれる種子下ろしの儀礼をみてみよう。この様子は平成二十二年のもので、前本隆一家と與那國光子さんにお世話になり、見学したものである。

種子取祭の種子下ろし儀礼（沖縄県竹富町竹富）

村の公的な儀礼は公表されており、見学がしやすいが、各家の儀礼はいつどこで行なわれるのか、不明のことが多い。そこで與那國光子さんに、現在も種子下ろしの儀礼をやっているかもしれないという前本隆一さんにお願いしてもらった。前本さんは高齢になり、足も悪くなってさまざまな動作がしにくくなっているので、この儀礼をやめたいのだけれども、といいながら儀礼を行なってくださった。

種子下ろしは近所にある前本家の畑で行なわれた。せまい面積ではあるが畑は耕されていた。前本隆一さんは畑の一部をピラ（畑を耕す農具、移植ヘラ状の道具）でなでるようにして土を軟らかくし、わずかな草も逃さずにとってきれいにした。その後、立ったまま、種子を入れたガイジルという小さな籠を左腕に抱え、唱え言を唱え、最後にガイジルを頭のところまで捧げ持って祈った。

次がいよいよ種子下ろしである。ガイジルを左腕に抱えながら、右手で播くのであるが、種子は右の親指と人挿し指で摘まむようにして持ち、播く。後は種子を播いた所にビラで土をかける。畑のそばに育ててあるススキを伐って、サンを三つ作った。サンはススキを結んだもので、魔除けになるといわれて、祭祀には欠かせないものである。サンを種子播きした場所に三本立て、種子下ろしの無事にすんだことを祈る。これで種子下ろしの儀礼は終了である。種子播きの粟の種類は、昔は糯粟だったが、今は粳粟を播いているとのことである。

種子下ろしが終わった前本隆一さんは、畑の近くに生えていたススキを伐って家に戻った。このススキをイバン（イヌビエに似た植物）とともに生け花にして床の間に飾った。これは神祀りのときの床の間に供える香炉とともに重要な生け花なのである。床の間に供えられた物には、正面に福禄寿の掛け軸、上段の右側にはススキとイバンの生け花、正面に香炉、ろうそく、茶、杯、粟（小型の重箱

種子取祭で供え物をした前本家の床の間（沖縄県竹富町竹富）

入り）、ガイジルで、下段の右側に重箱に入れた粟、杯台に載った杯、クビン（徳利）、祝儀、ハザリクビン（飾り徳利）、杯台に載った杯、イーヤチ（米と粟の餅）、酒、ピラ、ハザリクビンである。下段右側の重箱は五段重ねで、ジュウと呼ばれている。下四段のジュウには粟が少しずつ入っているが、五段目は山盛りの粟である。多くの家では、この重箱の中は粟ではなく米に替わってしまったが、前本家のように粟を供える家もある。なぜ、粟を供え、次に述べるイーヤチにも粟が欠かせないのかを聞くと、「粟の種子取祭だから」という。この答えで竹富島では粟が主穀だったことが理解できる。

種子下ろしの日の前本家ではタコを茹で、糯米と粟と小豆でイーヤチを作っていた。イーヤチは大きな鍋で炊いて、男性が数人がかりで大きなヘラで練り上げたものである。種子取祭の儀礼には欠かせないイーヤチも床の間に捧げられた。

種子の儀礼とホンジャーの杖

ホンジャーは種子取祭で重要な役割を果たす家のことで、竹富島の玻座間のホンジャーは国吉家で、仲筋のホンジャーは生盛家である。いわば「芸能の統括者・責任者」で、その家の床の間にホンジャーの神を祀っている。種子取祭の奉納芸能にあって当主がホンジャーに扮して舞台に登場し、豊作の祈願をする。ここではホンジャーによる舞台での御願いの一部を紹介する（現代語訳は全国竹富島文化協会編『芸能の原風景』）。

戊子の日の種子取の
種子下ろしのお願い
弥勒世・麦の世・粟の世
米の世のお願いをして
豊作を待つホンジャーは
私であります

この舞台には「ホンジャーの杖」が登場する。これはホンジャーの家で作られるもので、「ホンジャーの杖」はススキを杖に見立て、粟の穂、稲の穂、サツマイモを結びつけたものである。

種子取祭にはさまざまな芸能に種子播きの願いが登場するが、重要なものに「種子蒔狂言」といわれる「世持」がある。これは種子播きから始まって収穫に至るまでの模擬儀礼である。収穫に対する

種子取祭のホンジャーの杖（沖縄県竹富町竹富）

感謝のお礼は「世曳き」でも行なわれる。この舞台芸能も種子取祭で行なわれるもので、模擬儀礼の一つである。ここに登場するのはカシと呼ばれる台車で、この上に収穫物である粟の穂とサツマイモと麦の穂を乗せて舞台を引き歩き、豊かに実った作物を披露し、神と与人（役人）に報告する。そのさいに、

　今年は　弥勒世の　豊作の年
弥勒神が　ご降臨なさり
五穀の　種子を
賜りました

と歌い、踊って「弥勒世＝世果報＝豊作の世」を感謝するのである（『芸能の原風景』）。

　こうした神話と農耕儀礼の結びついた祭祀と芸能は竹富島以外の島々にも数多く伝承されており、そこには神話と芸能に表象化された五穀の種子が限りなく存在しているのである。

神から授かる「福の種子」

稲には霊力があって、その力をスジといって家を中心に継承されていき、一族の繁栄をもたらすと説いたのは民俗学の創始者柳田国男である。つまり、稲には霊力があり、人々の命と暮らしに影響力をもっていたのだというのである。これを穀霊《こくれい》という。あるいは稲の霊力なのでイナダマ（稲魂）ともいう。誰でもが知っている例をあげれば、正月に年神様にお供えする鏡餅は神の霊力が宿った穀霊そのものであり、その分身である雑煮に入っている餅を食べることは神の霊力をいただくことにほかならない。新年に神の霊力を人々の体内に取り込み、一年間の無病息災と子孫安泰を願って食べるのが雑煮である。

しかし、穀霊とは稲だけにあるのでなく、粟や稗などの雑穀にもある（拙著『雑穀の社会史』吉川弘文館）。穀霊は日本だけでなくアジアやアフリカ、ヨーロッパ、南米にもあり、全世界で見られたものである（フレイザー『金枝編』）。それだけ食料の中心になるものに対する畏敬の念をもち、常に、神の加護のもとに穀物の霊力を信じて、さまざまな儀礼に反映させてきたのである。

次に種子が内包する穀霊の例を紹介しよう。

奈良県明日香村の飛鳥座《あすかいます》神社は、春に豊作を祈願する、おんだ祭りを行なうことで有名である。神事の特殊神饌は粟の穂、稲籾、大豆、松苗である。ここでは稲だけでなく、粟も大豆も特殊神饌の対象になっている。松苗は稲の苗に見立てて、宮司が田植えの模擬行為を行なうのに使う。それに続いて爺と婆が抱き合って性的所作を行ない、子孫繁栄を願う神事も行なわれる。神事最後に稲苗に見立てた松の苗を参詣者に撒《ま》く。参詣者はこれを拾って田んぼに挿すとよい稲が実るといわれている。宮司によれば、昔は、稲の籾を撒いて、拾った人が自分の家の籾に混ぜて苗代に撒いたということである。また、この神社から籾種子を借りて稲作りをし、収穫後には三倍、一〇倍にして返したという。これを初穂料といった。これは神の前で行う「種子の交換」と「種子の貸出制度」といえよう。

飛鳥座神社と同じ奈良盆地に川西町がある。ここには「大和の六つの御県の神を合祀した六県神社があり、通称『子出来祭』といわれるおんだ祭が行なわれる。祭りには稲作の手順を模擬行為で演じ」、そのあと、以下のような展開をする（茂木栄「山・社・里・稲――いかに風土を意味付けてきたか――」）。

田を見回る田主のところにウナリが昼間（昼食）を持っていく。ウナリは子供を孕んでいて、田主と問答をする。田主の問に答えているうちにウナリは産気付き、お腹に入れていた赤子に見立てた太鼓を産み落とし、「ボンできた」「ボンできた」と一同囃す。そしてウナリが頭上載せていた福の種子を入れた桶を持ち出し、「福の種まこうよ」「福の種まこうよ」と唱えながら、拝殿の外へ福の種を撒く。参拝者達は争って福の種を拾い、家に持ってかえって神棚に供えたり、自分の稲種に混ぜて苗代蒔きを行なうのだという。

大和におけるこの二つのおんだ祭は、稲や粟などの作物栽培の模擬行為と子どもを授かるための神事、つまり、五穀豊穣と子孫繁栄を願って行ない、最後に種子を播いて参詣者に分け与えるという神事である。とくに、六県神社では参詣者に播く種子籾を「福の種」と称していることに注目しておきたい。
全国的にみると、飛鳥座神社や六県神社の神事は決して珍しいものではなく、各地にみられるものである。

穀霊信仰といわれる例はたくさんある。石川県奥能登地方のアエノコトや同県の白山で行なわれていた焼畑地域の輪蔵《りんぞう》などもそうである。ここでは比較的知られていない穀霊の儀礼を次にみてみよう。

最後の稲束と最後の稗束

稲刈りのとき、田んぼに最後に残った稲束を刈り取って家に持ち帰り、神に捧げたり、稲束そのものを祀ったりする儀礼を「最後の稲束」という。日本においては稲作儀礼として知られているが、ヨーロッパでは「最後の麦束」として穀霊の宿る麦を対象にしている（鈴木通大「最後の稲束」『日本民俗学』一〇九号）。次に稗を対象にした高知県の例を紹介する。

高知県いの町の奥大野では、切り畑に仕付けたソバ・稗は収穫時に特別大きな束を三束作る。これはエブス様（えびす様）、大黒様、福の神様へのお供えだという。昔は刈り取ったその場で三束を担いで笑いながら三回廻る風習があった。明治三十三年生まれの人は、子どものときに奉公していた家の「旦那様」が「大黒束じゃ」といいながら、三回廻ったのを記憶しているという。そして、この三束を別々に脱穀・脱稃・精白して粉にし、餅にして、エブス様、大黒様、福の神様に供えたという（津野幸右「イモと雑穀の民俗」『土佐民俗』）。

穀物を収穫してその束を担いで大笑いをする習俗は中国地方にもたくさんある。ここでは「旦那さま」が「大黒束じゃ」と笑いながら、三回廻るのは、稗束を大黒様そのものと見立てているからにほかならない。注目しておきたいことは、高知県の例では、稲ではなく、稗とソバが祀る対象となっている点である。これまでの穀霊は多くの場合、稲を中心に語られてきたが、先述したように、ヨーロッパでは「麦の穀霊」、アジアでは「粟の穀霊」も報告されており、日本においても高知県に稗とソバの穀霊信仰があるのは当然のことといえよう。

神の前で種子交換

田中宣一氏によれば、岩手県平泉町にある毛越寺《もうつうじ》の摩多羅神《またらじん》は作神として農家の人に知られた神様であるという。祭礼の当夜、農民は大麦、小麦、粟、大豆、麻などの種子を袋に入れ、常行堂の格子戸に奉納する。希望者は、この格子戸にほかの者が奉納した種子の袋を借り受け、やはり自分の家の種子と混ぜて播き、翌年は二倍にして返したという(田中宣一「稲種子の授受、交換」『新嘗の研究 4』第一書房)。神に奉納することにより、種子が神の霊力を内包する種子になり、翌年の豊穣を約束するのである。いわば、霊力のある種子を神から授けられたわけである。神を通して種子は交換された。この場合、常行堂の格子戸は「神の前に」「無縁」の場になるのである。

勝俣鎮夫さんは古代の市について次のように述べている。

古代の市は、そこに来る人々の市場外での社会的もろもろの諸関係を絶ち切ってしまう特殊な空間として存在し、その人間の位相の転換の上に「交換」がおこなわれるべき場とされた空間であった。このことは、市に運ばれて来る物においても同じであり、そのために市という場に物が交換を目的に運び込まれたのである（勝俣「売買・質入れと所有観念」『日本の社会史』岩波書店）。

続けていうことは、

市は、そこに神仏が示現し、市に来る物の位相をその力によって自由に変えられうる空間と考えられていたのである。

さらに、

市での売買も、市場以外でと同じく、現象的には、売手と買手の合意にもとづく交換であったが、より厳密にいえば、市での売買は、売手も買手も同じく市に来て、その売買物を神に供物として捧げ、神からその交換物をそれぞれ与えられるというかたちで売買がなされたのであり、その本質は神との交換・売買であった。（中略）市の語源とされる「斎く場」と原初的な市関係、また市での交換それ自体が神を喜ばせ、神を祝う祭りであるという性格は、このような、市での売買・交換は、神との売買・交換であるとする観念を設定することによりはじめて理解される。

現代においても、伝統的な市が祭りの場で行なわれているのは、市には「斎《いつ》く場」が必要だからである。「斎く場」は、さまざまな社会的関係を絶ち切ってしまう「浄め」の場であり、そこに神が介在して、物は神の供物=所有物になり、交換した双方の人は、神から物を与えられるのである。神の存在が売買・交換を成立せしめているといえよう。

平泉町の毛越寺の常行堂の格子戸で見知らぬ人同士による種子の交換はこのような位相に基づいて

行われていたのである。「神の前に」人も種子も物も「無縁」になることで、神との交換が可能になったのである。「無縁」になるとは、人、種子、物の俗的な思考をふり払うことであり、そこには神にたいする畏敬があり、神の領域にある種子もまた「聖なる」存在であった。

現代においても神の前にモノの売買・交換は行なわれている。東京都調布市飛田給の種子屋野口家は屋号を橘屋といい、自宅の店は行商で種子物を販売していた。とくに、田無（現西東京市）には、一と六の日に六斎市が立つので、よく出かけ、地元の調布にある布田天神には、四月、五月の二十五日の縁日に種苗市が立つので、当然種子物を販売していた。興味深いことに、この橘屋は、「旧布田五宿をナワバリとする半農半商の香具師集団」である「橘屋一家」の帳元を務めていたという（種村威史「近代の種子屋についての一事例」）。市や縁日という、まさに「種子は神の前に」にて種子物の売買をしながら、「神の庭場」を仕切っていたことがわかる。神の前で専門家集団がモノの売買・交換を仕切るという歴史的過程が遠く古代中世から存在、継続していたのではないだろうか。

近津神社の「お桝廻し」

茨城県大子町にある近津《ちかつ》神社の農耕儀礼である「お桝《ます》廻し」では神社から下野宮七地区、上野宮七地区に一個ずつの籾の入った桝、合計一四個が配られる。各地区には頭屋がおり、祭りを主催する。神社から配られた桝には頭屋が新しい稲籾を入れ、「お桝小屋」と称する仮殿に七年間保存し、次の祭りに次頭屋に引き渡すものである。このお桝廻しについて、近津神社の宮司は「お桝廻しの籾は、かつて特別に設けられた神田の籾であったのではないか」といい、この神社にはお田植神事、収穫祭、お桝廻しの儀礼があり、本来、三つの儀礼は関係があったのではないかともいう。さらに、重要な話として「籾は神であり、凶作のとき、もし種籾が無くなった場合ツツコの中の籾を使う。七年間くらいであれば籾は生きており、通常よりも長時間水に浸せば籾は発芽する」という。ツツコ（桝からツツコに換えた）に納められた稲籾を保管するお桝小屋は、大きさは一坪ほどで、屋根は茅葺にしてあるのは小屋の中の風通しをよくし、蒸れないようにするためであるという。お桝廻しの神事では、頭屋は障子やふすまなども新調し、お桝小屋も清浄に保つようにした。死穢《しえ》があれば、頭屋は次の小頭、脇頭に譲ることになっている。近津神社のお田植え神事は神田《しんでん》で行なわれる。そのときの苗は当屋が保管した種籾を使った苗とされており、お田植え神事に訪れた人たちはこの苗をいただいて家に帰り、神棚に供え、自分の家の田植えに使うと豊作になるという伝承がある（樫村賢二「近津神社の〝お桝廻し〟にみる穀霊」『日本民俗学』二四四）。

福島県棚倉町のある都々古別《つつこわけ》神社二社にも近津神社のお桝廻しの神事と同様の神事がある。また棚倉町福井の宇賀神社も同様の神事があるが、この神事で注目すべきは、桝がご神体であるといわれていることである。

凶作のために種子換え、種子籾の分与をする田楽

樫村賢二氏によれば、茨城県金砂郷町にある西金砂《にしかなさ》神社では七年目ごとの丑年と未年に小祭礼を、七三年目ごとに大祭礼を行なうが、いずれのときも田楽「種播き」（田行事ともいう）を奉納する。ここでは、土起こし、種播き、鳥追い（または稲こき）などをあらわす田楽を行なうが、田楽宰主が観衆に向かって種子籾を播く。観衆は競ってそれを拾い集め、春の種子籾に混ぜて播くと豊作になると言い伝えられ

ている。二〇〇三年の大祭礼で、「この種籾を田に撒かなくともお守りとして持つだけで次の大祭礼までの七二年間は飢える心配がないと噂され、農民以外でも熱心に拾い集める人は多かった」という。樫村氏は、このことについて「本来は神から分与された籾の霊力の力が他の籾全体に感染し、豊作をもたらすということであろう」と解説している。これまで述べてきた霊力をもつ神の種子、いわば、穀霊の存在をここでも農民たちが認めていたからであろう。

興味深いことは、七二年後の大祭礼まで「飢える心配はない」と噂されていることである。この言い伝えは次のような近世以来の「凶年」にまつわる話からきている。七年目ごとに行なわれる小祭礼のある丑年と未年には凶作が起こり、七三年目ごとの未年にはより大きな災難があると伝えられており、その災害を回避するために田楽奉納をして豊作を祈願するのであるという。それを伝える史料が享和二年（一八〇二）『永代覚日記』である。それによれば、大祭礼、小祭礼の年は凶作の年なので、それに備えるべきであるといい、「其頃ノ衆ハ拾年も前ノ頃ヨリ御心カケ被成、糯、大根、芋柄、稗、ヌカ、蕎麦ノ花」を貯え、「スカキ」にした馬屋の上に備蓄すると、「何年過候而モ替ル事ナシ」という。こうした凶作対策のうえに、六十年廻りには五穀の種子を替えるべきといい、樫村氏は「穀霊の霊力低下による凶作」であるから、種子の交換をするのがこの祭りの神事である、と述べている。

種子物は年数を経ると劣化していき、収穫量が落ちたり、実が小さくなったりするので、作物の生育状況からすれば、種子は更新したり、同じ品種でもほかの種子を混ぜたりすることが必要である。それが隣の家や旅先でみた種子を手に入れたり、神の前で種子交換をしたりする意味であろう。近津神社や都々古別神社二社、そして西金砂神社の神事は種子更新の儀礼的反映であるが、実際に凶作・飢饉の状況においては、近津神社の宮司が推測しているように、種子として使われたことであろうし、そして、何よりも、ふだんからの村民の種子に対する意識の重要性を促す契機になっていたことであろう。

スジ・ニホ・ニュウに内包する穀霊

西日本や長野県、新潟県などではスジという言葉があって、稲の種子を意味している。沖縄ではスジ、セジといって、穀霊や誕生、蘇生など命を意味しているという。柳田国男や折口信夫はスジを生命に活力を与える穀霊と解釈しており、柳田国男の場合は、「家の永続」を念頭において、穀霊が宿った稲の種子を「家に属する稲の種子をスヂと名づけて特にきれいな俵につめ込んで、その永遠継続を確保したこと」(『定本柳田国男集』11)と、家の永続を意味する家筋に関連づけて推測している。

柳田国男が家の永続の象徴として「種子の籾俵」を見たのは故なきことではない。石川県の能登地方のアエノコトや熊本県球磨郡須恵村のシュンナメジョなど各地で新年に種子籾俵を依代(神の斎くところ)として祀る儀礼があることからもわかるように、種子籾俵を御神体、歳神様として扱う例もある。柳田国男がいうように種子籾を祀り、家の永続の象徴としたかどうかはさておき、少なくとも種子籾俵が神の司る穀霊の表象であったことはまちがいない。

イナダマ(稲魂)の信仰は全国にさまざまなかたちで見られるが、稲の穂を積み、一定期間保存する稲積みをニホとかニフ、ニュウと呼んでいた。沖縄の八重山諸島では稲積みをシラと呼び、赤ん坊を生む産屋もまた、シラと呼んだことをみると、人の命の誕生と稲積みが同一の言葉で語られていることがわかる。産屋も稲積みも「命を身ごもる場」と考えられていて、それをシラと呼んでいたのである。石垣市宮良では、稲を保存する小さな稲積みをシラといったが、これについては第四章で述べた。山陰地方では牛の出産もニュウと呼んでいる。奥会津地方では冬期間の野菜の貯蔵は雪の中で行なう。収穫期の秋に家の近くの畑に穴を掘り、穴の内部を稲わらなどで囲い、ダイコンやニンジン、ゴボウなどを入れて貯蔵し、必要に応じて取り出して使う。また、雪の中に埋める貯蔵法もある。いずれもニョウとかニュウとか呼んでいる。ダイコンの貯蔵ならダイコンニョウという。このように民間にもさまざまな言葉が生きており、それを手かがかりにすると、言葉のもっている意味の豊かさが感じられるのである（『日本民俗学大辞典』）。

第三部

種子・食料の備蓄と協同

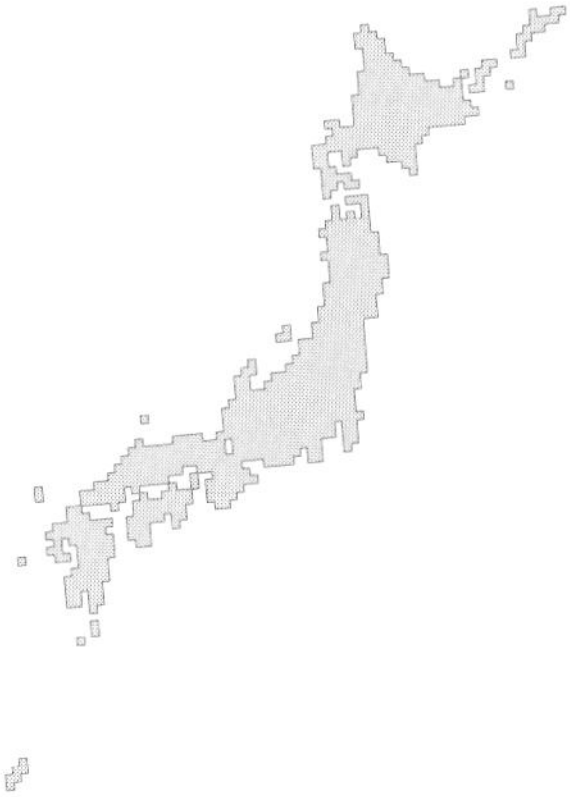

第七章 種子・食料給与と備蓄

義倉と賑給と出挙

木村茂光編の『日本農業史』によれば、義倉《ぎそう》は、古代社会において「備荒のために穀物を人々から徴収して倉に貯蔵し、飢饉・旱魃のときに貧民・弱者に分け与えることを目的とした制度」である。同書によれば、「その貯蔵する穀物として律令に規定されていたのが粟であった」。しかも、人々から徴収する粟の量は九段階に分けられた家族の等級に応じていた。たとえば、「上々戸」は粟二石、「上中戸」は一石六斗、最下位の等級「下々戸」は一斗であった。養老三年（七一九）は「全国的に旱魃なので〝義倉を開いて〟救援物資を配った」。同時に、徴収穀物である粟は「義倉粟」として栽培奨励作物として大きな役割を担ったという。

一方、賑給《しんごう》は律令制のもとに、高齢者、僧尼、身寄りのない者、病人、被災者等々に稲穀、塩、布などを支給する制度である。支給の時期は国家の慶事や災害、飢饉などさまざまであった。義倉と違い、「正倉院に備蓄された田租穀の支出の大部分が賑給の費用で占められる時期」もあったようで、各家から賑給のために徴収したものではない。だだ、実地にあたっての不都合も見られ、支給されるべき困窮者への救済の実効性は危ういものであったという（『日本史大事典』平凡社）。この二つの制度は、穀物の種子についての記載はされていないが、穀の備蓄は稲であれ、粟であれ、籾で行なうものである。穀物の籾の状態であれば、種子としても有効であり、食べる段階で調整をするのが原則である。災害や不作等の状況においては、翌年の種子として保管することは時代を問わず、行なわれたことであろう。

古代には「出挙《すいこ》」という貸付制度があった。「出」は貸し出し、「挙」は利付きの貸し出しという意味だという。貸与するものは「稲粟」と「銭財」の二つがあり、前者は毎年二回の貸し出しが行なわれた。春の出挙には「種籾として」貸し出され、秋の収穫期には利とともに「稲穂」で回収された。実施にあたってはさまざまな問題も生んだが、「出挙本来の性格は共同体成員の再生産を保護するものであり、その起源は初穂貢納や種稲賜与と密接な関係があるとみられる」（『日本史大事典』）。

賑給や義倉の二つの制度については種子の貸付に関しての記載はないが、さまざまな貧困者にたいする救済制度が、基本的な生活再生のため「出挙」という貸し出し制度に転位していったのではなかろうか。貧困者の生活再生には「支給」と同時に、「貸し出し」とそれに伴う「返済」という生産への意欲も必要である。賑給と義倉は貸し出し制度を伴っていないにもかかわらずここに記したのは、人の暮らしの先々の志向・施策を含んでいると推測できるからである。

社倉制度

菊池勇夫氏の『飢饉の近世』（吉川弘文館）によれば「民間の人々が穀物を出し合って自治的に共同管理する備荒倉のこと」であるという社倉《しゃそう》の考えは中国の儒学に影響を受けて、近世の繰り返される凶作と飢饉の社会状況からかたちを整えられたものといえよう。最初に、社倉の制度を取り入れたのは会津藩主保科正之で、朱子学の山崎闇斎の影響下においてそれに倣ったようで、会津藩で承応三年（一六五四）から検討し始め、翌春に「社倉法」を定めた。しかし、本来、社倉は「民間の人々が」中心になって貯穀し、飢饉のときには穀物の放出を自治的に管理していくものであったが、会津藩では藩が指導して実施している。少し遅れて寛文十一年（一六七一）には岡山藩も藩による「社倉米」を実施し、貯穀・低利貸付けを行なっている。社倉という制度としてではないが、会津藩や岡山藩よりも早くに、食料や種籾を貸して困窮する農民たちの耕作を促した例がある。寛永十九年（一六四二）のことで、幕府の飢饉対策の一環として行なわれた「撫育《ぶいく》の計らい」がそれであった。昨年の作毛損亡にあたり、田畑の耕作に一番大切な時期に「領主たちは疲弊した農民たちに作食米や種籾を貸すなどして耕作を進捗させねばならなかった」という。このような「撫育の計らい」は将軍徳川家光の命として老中を経て、大名たちに伝え、飢饉対策が立案された。ほかの年にも「撫育」「御救」といわれた施策は行なわれており、「夫食米や種子籾を貸し渡す」という「権力の助成行為」があったという（菊池、同書）。

会津藩の社倉制度

さて、会津藩の社倉の様子をみてみよう（中村彰彦『保科正之』中央公論社）。「社倉法」は、あらかじめ穀物を蓄え置いて、凶年のときに困窮する民に貸出しをする制度である。そのために「領内一万石の地毎に倉を造り、五斗入の籾」を蓄えていくのである。承応四年（一六五五）、七〇一五俵余の米を買い入れ、蓄えた。条件は、基本的に「困窮の郷村へは、米を与える場合と貸す場合とがある」といわれるように、救助米と貸付米の二本立ての制度であった。その条件のなかには、新たに帰農する者、領外から来た百姓、火事で焼け出された者、新田開発した者にたいして救助米を与えるとしている。また、「川堤や籾倉の造成などのために郷村へ出張する者には、給金および宿泊費としてこれを与える」とした。つまり、困窮する者だけではなく、地域開発をする者や河川修復、籾倉などの公共的工事に従事する者へ現金支給でなく、現物（穀物）支給をした。貨幣経済が発達していない農村地域では現物のほうが有効性をもっていたのである。

貸付は、「二十俵以上を一度に貸し出す時は二割の利息をとる」というものであった。しかし、借りたら年貢納入にさいして利息分も含めて返すことがよいのであるが、現実には利息分どころか、年貢も払えない百姓もいて、そのような場合には、「無利息で社倉米を貸し出し、そのうえ、年貢の徴収を二、三年待つ場合もある」というものであった。このような百姓の立場からの給米、貸出制度は会津藩の農政の重要な柱となり、国力の基礎を作ったといわれた。

この社倉制度が実際に役立ったのは、寛文六年（一六六六）で、七月に領内で貧困の者がいて、「米三千俵余を賑貸す（施し貸す）」とあり、これが最初の施策であったといわれている。同九年には「七月郡村蓄籾を増して五万俵と為す」とあって、社倉の基礎力をつけていった。その数年後には各地域にある一五〇〇余の社地を田んぼに替え、その年貢米を社倉に収め、社倉の充実を図った。

ここで断っておきたいのは、社倉に、「社倉米」とあるが、米の場合もあっただろうが、社倉に蓄え置く場合には米ではなく、稲籾であったことである。米の状態では虫やカビの被害が出るので、貯蔵ができない。したがって「蓄籾」といわれているように、貯穀は籾である。なお、正徳年間になると米だけでなく、麦も社倉に加えられるようになった。また、引用文献には「種子」の記載がないが、籾は種子にもなり、精白して米、つまり食料になることから種子も貯えられていたのは当然のことであった。

会津藩の社倉制度についての研究は『会津藩家世実紀』にもとづいて行なうべきであるが、今回これができなかったことを大変残念に思っている。いずれ、その研究をするように努力したい。

『会津藩家世実紀』では、承応四年春条に「社倉之法」が開始された記述に始まり、飢饉年には保科正之が諸々指示を出している記述がある。「家訓」の一四条においては「社倉は民の為にこれを置き永利と為すものなり、歳饑は即ち発出してこれを済うべし、これを他に用うべからず」の記述があるという。この条は「家訓」のなかで異彩を放っている内容をもつ、と福島県立博物館の阿部綾子さんはいい、加えて「これをもってしても、正之にとって社倉がいかに大事なものであったかうかがえます」と示唆している。

社倉制度と村々の合力

江戸幕府は度重なる凶作で疲弊している地域に対してさまざまな政策を行なった。

その一つに、「飢人救合」をするよう高札を出したことがあげられる。享保十七年（一七三二）のことであった。困窮者にたいして「米穀金銀の貯えある者は身上相応に飢人へ〝合力〟あるいは〝貸渡〟しによって援助し――」という意味で、いわば民間のなかで持てる者が困窮者への支援をすることを提案したのである。ここでいう「合力」は無償の援助のことである。この合力の高札の効果は、あちこちの町や農村でもあらわれた。ここでは農村において米と種籾を提供した一例をあげておく。美作国の百姓勘右衛門は米三三石余、種籾七石余を無利子で貸渡した（菊池、同書）。このような例が各地に見られ、地域内での合力が発揮された。菊池氏は、享保期の西国における蝗害《こうがい》による飢饉にさいして「公権力による半ば強制的な働きかけ」であっても、村役人たちが村のために精励する姿や、「経済力のある百姓も共同体への富の還元を忘れていない」状態や「村の農民どうしの合力的な結合関係も見逃してはならない」と結んでいる。こうした「合力」にあらわれた村の農民同士の結合関係が、やがては、村人の自治的な運営の基に展開される社倉や郷倉《ごうそう》になっていくのである。

菊池氏によれば、社倉法も、享保などの近世前期には「幕府の将軍権力としての〝仁風〟が」前面に出され、幕藩領主の責務を果したうえでの、「百姓・町人ないし飢饉救済の補完的役割を期待する」という官主体のものであったが、近世後期には社倉の主体が本来の自治的な様相を呈してくるという。「共同体的な貯穀（すなわち農民の拠出）に立脚しながら、領主側からも〝下げ穀〟などといって備穀の一部を提供することによって、公権力が介入してくる半官半民の姿」が特徴的になるという。もちろん、社倉の運営にあたって、役人の不正運用などもあった半面、「管理・運用が農民側の主体性・自律性を生かした形であることが社倉の成否を握っていたといえるが、備荒貯蓄への取り組みが、村請制をベースとした村の自治、あるいは組合村の広域自治における地方行政能力の成長をはぐくむ重要な要素となった点にも注意を向けておきたい」と菊池氏は述べている。

菊池氏は、近世後期の飢饉にさいして、前期よりも餓死者などの被害が少なくて済んだのは、近世前期に起きた凶作・飢饉への社倉制度に代表される「国家的プロジェクト」の政策が地方にも浸透してきたことにより、備荒貯穀が諸国で行なわれていたことがその大きな要因であろうと述べている。幕藩体制における「国家的プロジェクト」であった社倉制度は一朝一夕に出来上がった施策ではなく、古代からの長い営為の結果として近世社会で実を結んだともいえよう。

代官川崎平右衛門の貯穀と貸付制度

東京都府中市の旧押立村の代官であった川崎平右衛門家に保存されていた元和元年（一六一五）の稲籾、ソバなどについては第二章で先述したので、ここでは種子を含む食料の貯穀についてみていこう（馬場治子「川崎平右衛門定孝関連史料の所在と『御代官 川崎平右衛門発起書』現代語訳」『府中市郷土の森博物館紀要　第21号』）。

押立村は享保年間（一七一六〜一七三六）に開発された武蔵野新田の村である。この地域は元文三年、四年は（一七三八、三九）凶作に見舞われ、出稼ぎや奉公に出る者が多く、村は疲弊するばかりで、「食料に差し支え、人も馬も夥しく渇死した」という状況であったため、「御救米」と「御救金」が出された。川崎平右衛門は、翌年に新田村の村役人とともに困窮する村の実態調査を一戸ごとに行ない、「百姓の暮し向きを仁・義・礼・智・信の五段階に見積もり」、報告を提出した。しかし、困窮する村の人々の暮らしは「御救米」や「御救金」でなんとかなるような状況にはなく、村を維持していくための方策が必要であった。そのための意見を幕府にたいして申し述べたのが川崎平右衛門であった。その内容は、芝地を開墾したら「養料」として金銭が渡され、その畑に作付して収穫した雑穀を納めさせて、「相応の夫食（食料）を渡します。（年貢として）収めた残りの雑穀をよけて置き、（それを）五、六か年積めば、種穀としてかなり溜まります。そうすれば、凶年の折の貯えにも成り、永く百姓の御救済となり、弱い百姓たちに力が附き」という施策を講じた。貯穀、種穀は、大麦・小麦・粟・稗・ソバ・ハトムギなどであった。同時に畑にならない土地には植林することを奨励策で進言した。

「御救普請（救済目的の工事）」として「呑水堀・田用水・溜井等」の工事を春先に行ない、工事に出て働いた賃金を「麦・稗を賃夫食（賃金としての食料）」として渡した。要するに、工事に従事した賃金を、麦・稗という現物で支払ったのである。この現物支給は、春先の畑への種子播きの種子用であり、食料でもあった。この工事における人足は、労働に応じて仁・義・礼・智・信の五段階に分けられ、賃金もそれに応じていた。仁は麦三升、義は麦二升、礼は一升五合、智は一升、信は五合であった。一日働いた夕方には穀物が支給され、食料にありつけるというこの方策はきわめて現実的であったというべきであろう。仁は丈夫な男から始まって、女たちも力量に仕事に応じて分けられていた。驚くべきことは背負わされた小児（零歳）は最下位の「信」に属しており、分配にあずかっていることであった。この制度は近世においては一般的であったらしい。「お救い普請は、効率を考えた事業ではなく、女、子供に限らず、土運びなどの人足に出て、賃金を支給される仕組みである」（北原糸子編『日本災害史』吉川弘文館)。それによると、「一人一日永一七文が基準」とされていたというので、現物支給ではなく、金銭による支給であったことがわかる。

川崎平右衛門の施策をもう一つ紹介しよう。それ以前から徳川幕府からの助成金を元にした畑地開発に伴う金銭の貸付制度があった。開発したばかりの畑維持のための費用で「畑養料」といわれた。貸付金を百姓に助成金として給付すると飢饉の解決にならないと考えた川崎平右衛門は貸付金とし、貸付の返済を畑からの収穫物でさせ、これを代官所の貯穀として積み重ねていき、飢饉時の夫食《ふじき》に充てるようにした。さらに、代官所で大量購入した肥料も貸付金代わりに分配し、返済は雑穀などの穀類や紫草などで行なうようにした。その上で余分ができれば、高く買い上げた。要するに、貸付も、種子を含んだ穀物や作物、肥料などの現物で行ない、返済も同様に現物で行なったのである。こうした貯穀された穀物は飢饉時の食料に充てたり、多く貯まれば売って貸付資金に組み入れていったりした。

食料となる穀類の貯穀は種子の貯穀であり、貸付も同様に種子を念頭においたものであった。これはその七、八〇年前に行なわれた会津藩主保科正之の社倉制度と同様に、飢饉に直面しても種子の確保を村で、すなわち地域社会で行なうことにほかならならない。

人頭による食料分配の習俗「タマス」

ここで話が少しそれるが、「負うた子も一人前の配分にあずかる」習俗について記したい。この習俗の原則は「現場に存在する者への現物支給」ということになろう。背負われたた子であっても、現場に居合わせることで食料の配分にあずかることができたのである。年齢や性別に関係なく行なう人の頭数を対象にした「人頭による配分」のことである。先にあげた近世の代官川崎平右衛門が行なった「御救普請」の例がわかりやすい。

この配分法は古くからある慣習で、熊本県の水俣地域ではタマスと呼んでいた。漁村でよくみられる制度で、地引き網漁などで多くの人手が必要なとき、人が集まってきた。そして、男女幼少を問わず、「その場に居合わせた者」にたいして魚が配分された。静岡県の漁村では、孫を負い、もう一人の幼児の手を引いて浜の現場に行けば、三人分魚がもらえたという。これは昭和初期の話で、ここではこの習俗をエンバイと呼んでいた。熊本県の五木村では猪猟にさいして行なわれたもので、その分配の一単位をタマスと呼んでいたという。これまで漁村での報告が多かったが、江戸時代の農村地域にもこの慣習があったことを、「御救普請」で知ることができるのである。

柳田国男は宮崎県椎葉村の共同の猪狩において獲物の「一人々々の取分をタマス」といい、沖縄県の国頭地方では「食物を少年少女に分配するのに、やはり各個の分前をタマスと謂つて居る」(柳田『定本柳田国男集』14)という。さらに、タマという言葉はうどんの一食分の呼び名であり、山の木を伐ったときの一片を「一玉二玉」といい、「何にもせよ霊魂のタマシヒといふこと丶、個人私有の概念を為すタマス・タマシ」(柳田、同書)といっており、「各人の分け前を意味している」(柳田、同書)。そして、このタマスという言葉は「年玉のタマと同じ」、また「あるいは霊魂のタマと同じ語ではないかとさへ想像して居る」(柳田『定本柳田国男集』21)というのである。別の個所では「タベル・タマハルと関係がある」語としている。

要するに、柳田国男の主張は、タマスという語は、魂や神の宿る「年玉」につらなる個人の人格的所有物だということであろう。独り独りの人格に属する所有物であるからこそ、タマスは背負われた赤子も一人前に分け前にあずかることになる。柳田国男のあげた例は庶民のもっていた習俗を説いているが、江戸時代の川崎平右衛門の行なった救済目的の工事の支払いにおいて背負われた小児も分に応じた救済の対象であった。積み重ねられた時の流れのうちに、このような赤子まで人格的に食料の分け前が当然とされていた施策があったことに驚くのである。生きとし生ける者「みなが食う」ことのために行なわれた公の論理といえるだろう。

第八章 近代の災害備蓄の諸相

凶作時の共同体を守る郷倉

福島県南会津町の南郷地区（旧南郷村）の大新田《おおにた》は昭和二十年代二四戸で、小さな集落であったが、ここに郷倉があり、集落から離れて建っていた。沼田街道を檜枝岐村に向かう街道の両側に家並みが伸びている。この家並みから東に山があり、山麓に氏神である天神社が祀られている。集落から氏神様へ行く途中に郷倉があった。集落で火事が起こっても、離れていれば延焼することもなく、貯穀した物が守られるための配慮である。ここは私が育った村で、当時、学校などのほかに大きな建物がない時代であったので、民家とは異なっているのが珍しく、記憶によく残っている建物であった。その呼び名はゴウソウというものであった。

一般的にはゴウグラと呼ばれている郷倉は近世前期に年貢米の一時保管の役割をもった倉庫で、寛文六年（一六六六）に設置されたといわれており、「郷倉」の文字は元禄七年（一六九四）代官伊奈半十郎支配下の史料に見えるという。近世中・後期になると、凶作・飢饉に備えた貯穀用の郷倉が設置されるようになった（『日本民俗大辞典』上、吉川弘文館）。菊池勇夫氏の『飢饉の近世』によれば、幕府の直轄領の農村、直轄都市、また、藩をも含めて社倉政策を進めたもので、農村部における貯穀は天明八年（一七八八）に着手され、「百姓の作徳」から、米、黍、稗、粟などを貯穀させた。「長期間保存に耐える稗を第一に貯え、その他土地相応に切干し大根・木の根葉・たにし・海藻類」を貯蔵させせた。幕府からの「下げ穀」も貯え、「夫食」として貸し付け、「その利分を詰替えの際の減穀分や郷倉修復代にあてる」というもので、近隣の村で構成する最寄組合村で設置した。運営は村側に任せながらも、役人の監督下で行なわれた。時代によって郷倉の存立基盤に変化が見られたのである。

社倉であれ、郷倉であれ、「貯穀」として一括して述べられているが、種子に関しても注意は払われていた。穀物は籾の状態であれば、種子として有効であるのは先述したとおりである。

天明四年（一七八四）の津軽地方は、「水田の半分、畑地の三分の二近く面積が耕作放棄され」た状況であった。藩は村の重立ちに命じ、耕作地の回復を図った。「秋田領から不足分の種籾を買い入れたり、種籾の不足する水田には稗を植えさせる」などの方策をしていた（菊池、同書）。

このように、直接的な種子に関する史料は少ないが、今後の課題として種子についての史料にも注目していきたい。

岩手県昭和九年凶作年の郷倉

昭和九年（一九三四）は東北地方一帯が大凶作で、「ガシドシ（餓死年）」と呼ばれた。ここでは岩手県のガシドシの史料から郷倉の様子を垣間みよう。史料は『昭和九年岩手県凶作誌』（岩手県発行、昭和十二年、東京都立中央図書館蔵）である。

昭和九年の大凶作にさいして、既存の郷倉の拡充を図り、新設の充実をするように政府からの通達があった。そのための支援に政府や天皇・皇后からの金銭の御下賜があった。この当時の岩手県の郷倉の数は一四〇庫あった。このうち、昭和八年の震災対策によってできた郷倉が四〇庫である。

［郷倉施設の要領］によれば、「地理的状況及び利用戸数等を考慮の上、概ね部落単位を以て設置し、市町村は条例を制定して維持管理に任ずる義務を負ひ」、建物は部落を単位とする団体、組合等に無償で貸与し、「事実上部落をして維持運営せしむると同様の形態を採らしめ、部落の自然的結成に基づく隣保相助の精神を発揚せしむるに努めた」とある。おおよそ集落単位に一庫の郷倉を設置し、運営を住民に任せ、地域主体の自治で行なわれるようにしたのである。

［郷倉経営の要領］では、「郷倉の経営主体たる市町村は」備荒のため昭和九年法律第五三号により「政府からの交付を受ける米穀と、同数量の米穀を所有して之を郷倉組合に寄託し、郷倉組合は別に定むる所に従つて年〃積立つる穀類と共に」、貯穀し、凶荒に備えることを説いている。

さらに、政府の交付米穀は昭和九年度にはすべて罹災農民に貸し付けたが、これを十年度収穫期より五年間で回収し、五年後の十四年度以降における各郷倉は常時「寄託の公有米穀と組合所有米雑穀とを」もって充たされ、将来凶荒が起こっても「郷倉の解放」によって住民は食料の憂いをもつことなく、生業に従事できるとしている。なお、十四年度までの五年間で、貧困により交付米穀の回収ができない場合は、公費によって補充するという。

郷倉組合の規約準則の主な箇所を見てみよう。

①目的は、隣保相互の精神に基づき備荒のための穀類を積立て、組合員に穀類の貸付をする。

②積立てる穀類は、耕作地一反当り、または一世帯当りの米穀で、稗・粟・蕎麦、または金員は換算によるものとする。

③備荒のために籾による貯穀目標高の設定をする。

④ ③の事項の範囲以外の穀を組合員に貸与、または処分する（条件付き）。貸付を受ける者は証人・借用書を提出する。また貸付期限・貸付金額・利息については一定の条件がある。

⑤郷倉の開閉は役員三名の立会のもとに組合長が行う。

⑥本組合の簿冊として、貯穀台帳、（寄託米台帳）、貯金台帳、貸付台帳、その他必要な台帳を備えること

なお、昭和十一年九月現在の郷倉は、既存一四〇庫、新設九九一庫、合計一一三一庫であった。新設の郷倉九九一庫のうち二二庫は村費寄付金等によるものである。一〇〇〇庫に近い新設郷倉のうちに村費等による自前で費用を工面した村もあり、凶作・飢饉にさいして自立の共同意志を作り出した地域もあったことにも留意しておきたい。

以上の郷倉は、村を単位とする公的な郷倉であるが、「郷倉経営農事実行組合」という別組織の郷倉も存在した。公的な村落レベルの郷倉と同様な役割と仕組みであったが、異なるのは、目的を以下のようにあげている点である。

必需品の共同購入、共同販売、共同利用設備の設置、共同貯金、農事の指導奨励、共同経営並びに共同作業、品評会・講習会・講和会の開催

これらの組合活動のなかに「農事実行組合郷倉取扱規定」があり、その規定は、村落の公的郷倉の規定に準じている。

最後に、種子についての記載をみてみよう。

「収穫の皆無又は品質の劣悪等に因り、次年度用種籾の欠乏」があるので、岩手県では補給の計画を立て、政府より一二三万八八三円の補助金に県費を合わせて合計一五万八四七七円を種子代に充てた。その内訳は、山形県の卯年早生・六日早生各六〇〇石、秋田県の秋田一号五四四石、県内の各郡から陸羽一三二号六六八〇石、合計八四二四石を購入し、各市町村に交付した。これらは「種籾配給表」として、県内の種籾から昭和九年十二月から県内の村単位で品種別に交付されたもので、詳細が記載されている。

凶作・飢饉にさいしての御下賜金、助成金等々は、肥料費、標識費、栽培管理費などとともに、種子費も計上されている。

柳田国男の「三倉」研究

民間の暮らしを対象にした学問である民俗学の創始者柳田国男は明治三十三年（一九〇〇）に東京帝国大学法科を卒業するが、学生時代から打ち込んだ研究は「三倉」といわれる義倉・社倉・常平倉という「救荒施設」であった。そこでかんたんに柳田国男の三倉について触れてみよう。以下の引用は『定本柳田国男集』第一六巻、または

二八巻からである。

三倉のうち、常平倉は義倉・社倉とは少しちがっている。常平倉は「穀物の値を平準するのを目的として居る貯穀方法」で、豊年の年には常平倉の基金で「世間の相場より少し値わよく買って貯へ置いて」、飢饉年には「市場の相場より少し廉く常平倉に貯へて居つた穀物を」困窮者に売る方策をいう。つまり、穀物が多くあるときに安く買って貯え、飢饉のときに安く売って穀物の値の平準化を図り、結果として飢饉にあっても餓死者などをださない方策である。

義倉は「純然たる飢饉年の手当」で、「平年に人民の穀物を共同で貯へさせて置きまして之を飢饉年に施すこともあり貸す場合もあります」。義倉の「義」の意味は「人の為にすること」であるという。

次に、社倉とは、「公共団体が経営して居る義倉」であるといい、三倉の意味合いの違いを明快に説いている。三倉は運用において、時代により少しずつ異なってきて意味合いが変化する場合があったという。とくに、平常に余裕のあるときにたとえ貧民であっても分に応じて貯え、自分の困ったときにはほかから救助を受け、ほかの難儀のときには自分たちが出したもので救助するという「義倉の根底は相互主義であった」。そして、次のようにいう。

（イ）極貧ノ者ニハ賑給シ
（ロ）恢復スヘキ望アル者ニハ賑貸シ
（ハ）現ニ資力アル者ニハ賑糶スト

といい、その根本原則を強調している。

また、社倉とも義倉ともいわないが、「基金基穀ヲ置カザルモ夫食種籾ノ賑貸ノ如キハ徳川三百年ヲ通シ幕府領ニ行ハレタリ」といい、明治維新のさいにも仁政としてこの制度を全国に布したという。義倉は奈良時代の大宝令に規定があるというほど、古い時代からあった。しかし、朱子学の影響を受けて成立した社倉と比べて、柳田国男が遺憾に思っている点三点があるのでそれをあげておこう。

第一点に、相互主義でないこと

第二点に、対象区域が大きすぎること、官吏が支配すること

第三点に、貸付に重きを置いていないこと。

とくに第三点については、百姓が困って「臨時外部から夫食、種籾を借りる」必要があるのに、「令義解《りょうのぎげ》」などでも「義倉米は出挙即ち貸出しをしないと云ふ事に」なっているといい、借りたいときは、地方庁の「救急稲」や国司の下にある「不動倉」から穀物を貸付けてもらったという。

それはさておき、社倉は義倉のうちであるという柳田国男は、「荒政」について述べるに「他力事業」と「自力事業」があり、「自力事業の中でも取別け研究に値するものは所謂社倉の制度でありま す」といい、救済のとき他力事業よりも相互主義である自力事業を重視したのである。

「社倉なる者は米を施したり粥を施したりする風の機関では決して無かったのであります」と書いているが、その理由は、管理方法が自治であるものが少ないこと、貸付ではなく救済が主になっていると、本来あるべき義倉・社倉の実態にたいして苦言を呈している。

柳田国男の義倉、社倉にたいする基本の考えとして、相互主義であること、貸付制度が主であること、自治的管理であることの三点をきわめて重要視したことがあげられる。そのうえで日本近代における経済的互恵性について、二宮尊徳の報徳社をあげ、そして、産業組合・信用組合の意味と役割を説くのである。いずれを論じても柳田国男の脳裏から離れなかったのは「相互主義」であったと思われる。こうして柳田国男のなかに、救済ではなく、自律・自立の思想を見ることができる

『三倉沿革』と固寧倉

柳田が東京帝国大学の卒業論文として書いた『三倉沿革』は平成二十四年（二〇一二）三月に成城大学民俗学研究所から影印本として刊行された。それによると、柳田国男は明治三十六年（一九〇三）十月に『三倉沿革』を書きあげた。内容は、五つの章に分かれており、書誌については、小島瓔禮氏による本書の解説に詳しい。しかも、書誌だけでなく、柳田がなぜ義倉・社倉・常平倉という三種類の災害にたいする備荒貯蓄の倉に取り組んだのかを詳述している。小島氏はその事を「凶年救済の制度」という言葉で表現している。

私は十数年前から災害時の食料にたいする調査を岩手県の永年保存文書や奥会津などで行なっていて、平成二十二年には後述する奥会津の郷倉調査を始めていた。その直後に東日本大震災が起こり、本格的に災害備蓄の研究に取り組むことになった。原本を拝見しようとしていた矢先の『三倉沿革』の出版は願ってもないことであった。小島瓔禮氏の『三倉沿革』の的確な解説を読み、それに導かれるようにして柳田国男の生れ育った兵庫県福崎町にある郷倉を見学した。

兵庫県福崎町の福田区にある郷倉は「固寧倉《こねいそう》」と呼ばれている。これは姫路藩で備荒貯穀を目的と

する倉の設立にさいして名づけられたものである。姫路市野里にも同様の固寧倉があり、市指定重要有形文化財に指定されている。その説明板によれば、文化六年（一八〇九）に地域の大庄屋衣笠弥惣

近世の名称を継承している固寧倉（兵庫県姫路市野里）

左衛門が、家老河合道臣に建議し、藩主酒井忠道が取り上げて領内に米麦貯蔵用の倉庫を設置し、幕末の弘化三年（一八四六）には姫路藩領内に二八八ケ所に設置されたとされている。固寧倉と名づけたのは幕府の儒学者林大学頭述斎で、『書経』の「民は惟れ邦の本、本固ければ邦寧し（たみはこれくにのもと、もとかたければくにやすし）」からとったものという。邦のもとである民の暮らしが堅実であれば、邦はやすらかである、といった意味であろうか。「寧し」とは「安寧」の意味である。民が心寧く、平らに暮らせることを願って名づけられたことがわかる。このことに関して柳田国男は『三倉沿革』で藩主酒井忠道は前任の地である前橋藩においても社倉法を取り入れていたので、姫路藩でも取り入れたとしている。

この野里の固寧倉と同じく、福崎町の福田区にある固寧倉も町の文化財指定になっている。大きさは間口三間×奥行二間で、昭和五十四年（一九七九）に復元されたものである。この福田区の固寧倉ではこの地域にお住まいの高寄幹男さんと小松尾直利さんに開扉をしてもらい、内部を見学し、保管されていた『ふるさと文化財保存会趣意書（案）』の発見によってその経緯がわかったものである。地域の人たちみんなが集まり、台風で壊れかけた固寧倉を再建し、文化財として保存しようとしたものので、チョウナ削りである古い固寧倉の柱と腰板部分は現在の建物に使われている。

その趣意書のなかに「固寧倉の目的と効果」という一文がある。「〝固寧倉〟は領民の自力による厚生、福祉の制度で、平時には村人が相互に拠出した、米麦等の穀類をここに貯蔵しておき、凶年、又は不時の災害時にはそれを放出して救援の用にあて、また平時にあっては、貯蔵された米麦の一部を必要に応じて貸与して、村人が安心して農業に出精できるようしたものです」。

先にも記したが、柳田国男は三倉の根幹となるべき要点として、次の三点をあげている。

一、地域（郷）の自治管理であること

二、総合互助であること

三、「救済」でなく、「貸与」が中心であること

福田区の趣意書は柳田の意図を汲んだかのようである。

柳田はこの福田区の固寧倉に近い辻川で生まれた。柳田が子どもであった明治十八年（一八八五）に近隣の北条町である光景を目撃している。町の有力な商家が家の前でカマドを築き、「米粒もない

ような重湯」のようなお粥を炊き出し、それをもらいに来る人たちがおり、この光景が一ケ月も続いた、というのである（「飢饉の体験」『故郷七十年』）。

そして、柳田国男の飢饉の恐怖とその体験の重さが後年の三倉研究につながったと常に語られ続けてきた。そのことついて、小島瓔禮氏は次のように解説している。「食糧不足が、どれほど深刻な事実であるかということである。われわれ世代は、幸か不幸か、敗戦の昭和二十年前後、その極限の危機的状況を、少年時代に味わっている。生物としての最低の要求が満たされないことを、生きながら、人間として受け止めなければならない、子どもらしい無力観は、この上なく切実なものである。（中略）それが食糧危機に生きるということである」と。

柳田は、飢饉の恐怖の重さが農政学に向かわせ、農政官僚として生きることに、さらに民俗学へとつながったと自ら語っているが、柳田が生きた時代の大きなうねりはどのようなものであったろうか。幕末から明治の時代にかけて脱亜入欧の合い言葉を元に、政治・経済の軸は「富国」「強兵」という二つの路線であった。それが現実になったと感じたのは明治二十七、八年（一八九四、五）の日清戦争であり、それによって勝ち得た領土拡張もさることながら軽工業中心の「富国」が、明治三十七、八年（一九〇四、五）の日露戦争勝利により重工業にシフトし、「強兵」への歴史的事実が実現していった。柳田国男が『三倉沿革』に取り組み、完成させたのがまさにこの時代であった。人は、世（国家）は、ここぞとばかりに戦勝に酔い、国力の増強と海外進出を意図し、個人も国家も上昇志向するなかで、「飢饉をなくすための方策」を考えていたのが柳田国男であった。この志向性はどのように考えるべきであろうか。子どものころに受けた「飢饉の恐怖」という体験の重さが上昇志向の明治という大時代に背を向けさせたのであろうと思う。誰もが振り向きもしない、名もなき人々の暮らしへ、名もなき女たちと子どもへと視点を移し、民俗学を学問として立てていく柳田国男の志向性を問うこと、その現在的意味を問うことをあらためて思う。東日本大震災と福島第一原子力発電所の壊滅によって、名もなき人たちの安寧の暮らしを奪った歴史的事実。柳田国男の幼少のころに身近にあった囲寧倉、そこに見られた民の暮らしの元の安寧こそ取り戻したいと思う。

旧砂川村役場文書にみる近代の備荒貯蓄制度

東京都立川市の旧砂川村役場文書（東京都立川市歴史民俗資料館所蔵）から近代の備荒貯蓄制度の一端を記すことにする。旧砂川村役場文書は明治初期から昭和三十八年（一九六三）に立川市に合併するまでの文書の一部である。ここでは明治時代の幾点かの文書から見てみよう。

●明治七年十月十二日「社倉積立金何か年分出金したか取調の旨」では取調にあたり、様式を整えた雛形を示している。

●明治八年一月十八日「社倉積立金御請書」は史料の劣化があり、判読が困難である。

●「明治二十一年度地方税・備荒儲蓄公儲金出納簿」（北多摩郡砂川村戸長役場）では、以下の公儲金を徴収している。

四月十日「前半期公儲金　弐拾参円八拾八銭弐厘」

四月十三日「后半期分公儲金追徴　弐銭四厘」

四月三十日「前半期公儲金　弐拾三円八拾八銭弐厘」
四月三十日「明治廿年度后半期　廿年公儲金追徴　弐銭弐厘」
十月八日　「明治廿一年后半期　公儲金　弐拾三円八拾九銭」
十月二四日「明治廿一年后半期　公儲金　弐拾三円八拾九銭」

●「明治廿三年度地方税年税・備荒儲蓄公儲金収納元簿」（北多摩郡砂川村役場）は戸別の地方税が記載されているが、備荒儲蓄公儲金の記載はされていない。

●明治十九年十二月の「地方税及備荒儲蓄公儲金徴収取扱順序」が改定されたという訓令が明治二十二年八月二十九日北多摩郡長から町村役場に出された。

●明治二十六年の春に降霜の被害に遭ったようで、明治二十六年五月十九日以降、被害状況の取調の書類が数点ある。北多摩郡役所から砂川村長宛である。しかし、それにたいする砂川村の住民の被害届の文書が見つかっておらず、どのような措置が行なわれたか、不明である。同年六月二十一日の文書では被害申告が砂川村の住民三名「脱漏セシ」とあり、被害反別や財産の多寡等の詳細を調べて提出するように、という主旨の文書があるので、被害届は行なわれていたことが判明する。

●明治二十六年七月二十五日、北多摩郡役所から砂川村役場への文書では、「震災予防調査会ニ於テ磁力実測ノ為メ委員等派遣候趣」という通牒が文部省からあり、出張に際して調査に関して便利を与えられ度旨、本府庁より通達があった。これについて別書面があり、その内容は震災予防調査会員一名、同調査会嘱託員三名で、磁力実測調査は東京府、埼玉県、山梨県、長野県、静岡県、群馬県、神奈川県、新潟県のわたる広範囲のものであった。

●大正六年十二月になって、北多摩郡砂川村役場から次のような条例が出された。

「東京府北多摩郡砂川村罹災救助資金蓄積条例」というもので、村の条例になっている。この条例は第七条までの条項をもっており、その大要は、毎年度村費から五円の貯蓄その他を積立て、罹災救助資金にすること、本村が天災事変に遭遇した場合は村会の議決をもって救助に充てること、そのさい、「相当戻入方法」を定めること、罹災救助資金は特別会計にすること、罹災救助資金は郵便貯金、銀行預金、公債などの有価証券で保管すること等々である。これは村落においても公的な罹災救助を検討し、実際の災害に役立てようとする動きであった。国、県、村という何重にもとりまく近代の災害補償のあり方である。

近代における災害救助・備荒貯蓄に関する法律は、明治二年の全国的な凶作を経た後に諸令達が出されたが、大きなものとしては以下のものがあげられよう。

明治九年内務卿より府県知事に凶荒予備の方策を立てるようにとの内達

明治十三年内務省達で官民共有の郷倉が町村の備荒貯蓄の郷倉に下付された

明治十三年六月備荒儲蓄法の制定

明治三十三年罹災救助基本法の制定（備荒儲蓄法の廃止）

これですべてではないことはもちろんであるが、少しずつ災害備蓄に関する法が整いつつあったことがわかる。

奥会津の郷倉の建築様式

福島県南会津町やそれに隣接する只見町には近代に建てられた郷倉が多数現存している。平成二十三年、二十四年に現地を尋ね歩いた。只見町の大倉・寄岩・深沢で、南会津町の南郷地区の鴇巣《とうのす》、東《あずま》、木伏で現存の建物を見学することができた。現存する郷倉は多数存在すると思われる。また、その跡地は多数あり、集落ごとにあるといってもよく、当時の郷倉を知る人たちの話を聞くことは十分にできる。

ここでは南郷地区の鴇巣、東の二棟についてふれ、そのうちの木伏にある一棟は創建当時の区有文書が現存するので、それも含めてみてみよう。

南郷地区はアジア・太平洋戦争後まで大宮村といい、昭和の合併で南郷村、平成の合併で南会津町と変わった。現存する郷倉は昭和九年の東北大凶作後に皇室からの下賜金による恩師郷倉として建てられたもので、当時大宮村の集落ごとに建てられた。

現在の鴇巣の郷倉は当時のまま区（集落）で所有し、管理も区長が行なっている。区長に建物を開けてもらい、内部を見学した。この郷倉は六間×三間で他の郷倉の建物より大きい。建物の外壁はコンクリートで、内部は木製である。床は手前が土間で、奥が板張りになっており、奥には区有の膳腕類や文書が保管されている。

この郷倉の特徴は、①内部の柱が三尺ごとに入っていること、②その三尺ごとの柱の間に筋交いの補強の柱が入っていること、筋交いの柱の内部も柱で補強されていること、③天井の梁も太い材で堅

昭和10年に建てられた郷倉（福島県南会津町木伏）

筋交いの入った強震構造の郷倉内部（福島県南会津町鴇巣）

固に作られていること、④両妻側の天井近くに小さな窓があり、通風と採光の役割になっていて、窓には網が張られていること、⑤地面ぎわからすぐに通風のために鉄格子入りの窓が等間隔で作られていることがあげられる。

東の郷倉は、元は東区の所有であったが、一〇年ほど前に平野芳郎さんが区から譲り受けて、現在は個人所有になっている。大きさは三間×二間である。昭和十年（一九三五）創建の文字が棟木に見える。外側は一間間隔の柱になっているが、これは板壁が二重になっていて、内部の柱は三尺おきに入っているというきわめて堅牢な作りである。平野芳郎さんによると、譲り受ける前は、集めた供出の米の検査場に使っていたり、区の必需品の保管場所にしていたりした。農協が味噌を保管していた時代もあったという。

平野さんによれば、子どものころ、この郷倉とは別に古い郷倉があったというので、その跡地に行くと、藪のなかに大きな石や太い鉄のカスガイ、朽ちた柱などがあった。集落の山裾の小さな平地で、民家から少し離れている地であった。

以上、南郷地区の鴇巣と東の郷倉について述べたが、建物自体の要素を五点にわたってあげたが、南郷地区、只見町の郷倉に共通しているもので、みすぼらしい小屋風の外観とは異なり、三尺ごとに入っている柱、筋交いの柱、天井の梁の太さ、通風性など建物の共通性がある。内部にいたっては建材全体が新しい材のように見えるほどである。

こうした建物の共通性に対してモデルがあった、と史料を示してくれたのは筑波大学准教授の中野泰さんである。まず、昭和九年の東北大凶作に対して「皇室下賜金五〇万円と国費を加えて合計四〇〇〇棟の郷倉を立てることが決定された」（今和次郎著　畑中章宏・森かおる編『今和次郎　採集講義』青幻社)。さらに、昭和十年の「郷倉建築仕様書」に「恩賜郷倉建築工事設計図甲号」の設計図、民家建築の今和次郎の手になる標準設計などがある。そして、その解説には「コンクリートブロックの基礎、換気窓、二重壁、鼠返しなど、防湿・防鼠・耐火・耐震性能と、凍害・風害・水害に備える工夫が尽くされた」とあった。これらの設計図と説明は、まさに南郷地区と只見町の郷倉に実現されているといえよう。

システムとしての郷倉——奥会津の木伏区有文書は語る

南会津町の南郷地区の木伏の郷倉は、火災除けで元は集落のはずれにあったが、現在は近くに家屋も建っている。昭和十年に建てられたもので、土地は馬場儀平家が木伏区に貸したもので、建物は木伏区の所有であった。アジア・太平洋戦争後に区で使わなくなったので、馬場儀平家が建物を買い取り、農機具などを入れる倉庫に使い、現在に至っている。建物は二・五間×四間で、外はコンクリート壁で内部は木製、三尺間隔の柱が入っている。正面上部に天照皇太神宮を祀っている。その下に木札がかかっており、次のように記している。

「一、籾百拾七石弐斗也
内訳　四斗入弐百五拾六俵
　　八斗入　　六俵
昭和十五年十一月二十四日　貯込」

木伏は集落の文書である区有文書を保管しているので、それを閲覧させてもらうことができた。閲

郷倉の区有文書調査の様子（福島県南会津町木伏）

覧にさいして、只見町の飯塚恒夫さん、南郷地区の木伏の馬場美光さんにお世話になった。

以下は郷倉のシステムについて述べたい。

閲覧した文書は次の一四点である。

一「昭和拾年　評定始」
二「昭和十年　政府交付米貸付　調書」
三「交付米借用証書　大宮村木伏区」
四「昭和十年七月十二日　郷倉建設協議会提出事項」
五「報恩備荒田設置要項」
六「昭和十年十一月三日設立　木伏郷倉組合規約並組合員名簿　木伏郷倉組合」
七「昭和十年十一月三日　貯穀台帳　木伏郷倉組合」
八「昭和十一年十月　郷倉組合長会議提出事項　福島県」
九「福島県報」第千二十七号　昭和十一年九月四日「県令」「郷倉管理規定」
一〇「福島県告諭第三号」昭和十一年十月五日
一一「昭和十二年五月五日　郷倉組合長会議提出事項　大宮村役場」
一二「郷倉貯蔵穀類管理方法」

一三「昭和十一年十月　恩賜郷倉注意書在中」（封筒のみ）

一四「昭和十二年五月五日　備荒田補助ニ関係書類在中」（封筒のみ）

史料一は「評定始」はヒョウジョウハジメといい、木伏集落における年頭の初めの区会をいう。集落の一軒前の戸主が集まり、年頭のあいさつをする場で、新年にあたり、村の重要な議題が取り上げられる。なお、区はその集落の共有地や山林などの財産を管理するもので、財産区である。

前年の「九月八日総会協議事項」として議題に上がった内容は、「恩賜郷倉新築ニ関シ満場一致異議ナク設計ニ基キ建設スルコトトス」に始まり、建築委員として六名を推薦委託、「木材伐採場所イラ久保《（入久保カ）》」、敷地その他の建築に関し、一切を委員に一任した。

史料二「昭和十年政府交付米貸付調書」によると、各家に対して米を貸付けた。米の量は家によって異なり、二石から二斗までさまざまである。当時、大宮村は八集落から成り立っており、交付米を受けた家数は三〇九戸、交付米の総額は三六三石六斗であった。

史料三は、史料二に対する木伏区の借用証書で、債務者の連署である。これによると、交付米は「政府所有米穀ノ臨時交付」で「玄米五拾七石七斗」であった。償還方法は、昭和十年より十四年まで毎年十一月十日貸与数量の五分の一以上を玄米に相当する籾で償還すること、また、返済は連帯責任であった。つまり償還期限は五年間、一年分は交付米の五分の一であった。また繰り上げ償還も可能であった。

史料四、五、六は郷倉建設に関する文書で、「報恩備荒田設置要項」「報恩備荒田設置規約準則」

「郷倉組合規約準則」を記している。
以上の文書の要点を次に記そう。
一、報恩備荒田設置要項では
●報恩備荒田は郷倉組合員の共同経営・共同耕作にすること
●備荒田は家族を含む組合員の三ケ月間の食糧の五分の一以上を蓄穀する面積であること
●備荒田を凶作防止にかんする耕種改善に資するための研究地とすること
●共同採種田として優良種子普及に資すること
●共同精神の涵養と団体活動の訓練に資すること
●収穫物は共同とし、蓄穀すること、種子籾の積立ても行うこと
二、郷倉組合の規則では
●毎年十二月まで世帯ごとに籾による穀類を積立てること、粟・蕎麦・金員も可能。
●組合員に穀類の貸付けを行うこともできる。その規則は、貸付期間二ケ年・貸付額一俵以内・利息籾一俵に一ケ月五合以内・保証人を必要とする
●郷倉の開閉は役員三名以上の立会で組合長が行う
●組合は以下の簿冊を備えること――①貯穀名帳②貯金台帳③貸付台帳④その他必要な帳簿
史料七「貯穀台帳」では、昭和十年十一月三日「貯穀積立表」に「各戸ニ付籾壱斗宛貯積ス」とあり、その年のうちに貯穀が始まったことがわかる。しかし、これらの帳簿が見当たらないので、毎年

の貯穀の動きは不明である。

史料八は福島県による郷倉組合に関する事項であるが、これは木伏の郷倉に関する実態に反映されているものが多い。

念のために項目をあげておく
一、郷倉の貯穀に関する件
二、郷倉管理規定に関する件
三、報恩備荒田の設置に関する件
四、凶作地に対する政府交付米の積立に関する件
五、郷倉建設管理に関する件
六、郷倉貯蔵穀類の管理に関する件
七、籾共同貯蔵助成に関する件
八、郷倉貯穀日の設定に関する件
九、恩賜郷倉額面掲揚に関する件
一〇、郷倉組合備付簿冊様式に関する件
一一、郷倉貯穀通帳に関する件
一二、市町村内郷倉組合協議に関する件
このうち、九、恩賜郷倉額面掲揚に関する件は、恩賜にたいする「精神教化」のために「恩賜郷倉」

を掲げるよう指導している。一二は郷倉組合同士の横の連絡を取るべきことを指示している。

史料九は福島県報で、郷倉管理規定の書式見本をあげている。

史料一一は報恩備荒田設置助成金交付に関する書類である。

あらゆる方面の配慮と指導がなされ、詳細を極めているといえよう。そのような元に各区では備荒貯蓄を行ない、凶荒・飢饉の憂慮を絶つ施策をしたのであった。

史料一二は郷倉に関する管理方法を述べたもので、建物の一年一回の清掃、鼠防除、雨漏り予防、貯穀の通風換気、湿気予防、寒暖計乾湿計の備付、建物の外回りの排水、直射日光防除、夏期害虫駆除のためのクロールピクリン燻蒸等に言及している。

史料一は区の総会記録である。それによると、十二年十二月二十四日には郷倉新築が二〇円不足になり、区の総会で決議し支出した。

昭和十五年になると、

郷倉供出米一九二俵		代金三〇三六円五〇銭
仝	一三俵	代金二一四円五〇銭
クヅ	一石	代金一六円四五銭
売上代金	合計三二六七円四五銭	
本年貯込量	籾二六八俵	代金二四三八円八〇銭
差引残金	八二八円六五銭	

昭和十七年十月二日の区総会決定事項として「郷倉籾処分件」を区長および代理者に一任している。以上が木伏集落における昭和九年の大凶作から始まった備荒貯穀の郷倉に関する内容と流れである。昭和十五年に記されているように、郷倉から供出米を出すようになり、昭和十七年の食糧管理法の成立によって供出（米の売り渡し）を個人でするようになり、郷倉の役割も変質し、区や農協が使用したり、個人に売り渡したりした。

南会津町の南郷地区の東には昭和十年創建の郷倉があり、それ以前にあった郷倉の存在も確認できた。この地域の郷倉の状況と助成施策は次のようであった。

昭和九年の下賜金と国庫補助金は金二二万八〇〇〇円であった。

既存の郷倉八一棟に、一棟当たり一六〇円の支給があった（五三ケ町村）。

新設郷倉五二八棟（四三三〇坪）には一坪に付四八円の補助金が交付された（一八八町村）。このように大宮村は全集落にそれぞれ新設され、八棟になった（酒井淳『会津の歴史と民俗』下巻　歴史春秋社）。

なお、近世で伊南郷と称して古町組に属していた大宮村（近代）には山口に組と村の米倉、鴇巣に村の米倉があったことが確認されている（阿部綾子作成資料「南山御蔵入の郷と組」）。

江戸・東京近郊の郷倉

東京都の多摩地方に位置する立川市の柴崎地区は畑作地帯である。天保八年（一八三七）の名主鈴木平九郎の日記『公私日記』には、天保年間の飢饉時の窮民への夫食の様子が書かれている。前年七年分の詰戻し（再備蓄）は延期されたが、八月に

「当年豊作に付貯雑穀可詰戻段」とあり、貯穀の放出後の豊作年に詰戻しが行なわれたことを記している。窮民への夫食や詰戻しの穀類は大麦、小麦、粟、稗である。また、この年の三月、名主家の下男が近隣の村に買出しに出かけているが、穀類は麦類、粟、稗で、米（籾）の記載はない。この地域の備荒貯蓄庫は「稗倉」といい、八幡神社の近くに明治時代まであったという伝承がある。

備荒貯蓄庫の稗倉（東京都小平市・ふるさと村）

東京都の山間の村である檜原村小岩では、弘化元年（一八四四）に近隣四ケ集落で板倉を作り、稗の貯穀を行なうようになった。一七年後の文久元年（一八六一）には「米穀高直ニ付」この倉に貯穀していた稗の分配をした。同村の元郷にある名主吉野家に接しても稗倉があり、年貢米も備荒貯穀も保管されていたという伝承がある。同地域の本村上組の文書は天保四年（一八三三）四月「御請書分之事」の詰戻しの記録がある。ここでは「貯稗穀之儀」として各戸「稗六斗つつ」の貯稗をしているのがわかる。

立川市に接している小平市の「小平ふるさと村」

には「旧鈴木家住宅穀櫃」がある。穀櫃は備蓄庫で、穀箱、ヘーグラ（稗倉）とも呼ばれた。三間×一・五間の建物で、一五〇石入りである。もともとは隣接する花小金井の秋山家所有であったが、大正十年（一九二一）ごろに小平市大沼町の鈴木家が譲り受け、さらに昭和五十四年（一九七九）に小平市に寄贈されたもので、小平市の市指定有形文化財になっている（「旧鈴木家住宅穀櫃」小平ふるさと村）。

東京都清瀬市の長源寺に郷倉があり、昭和四十四年（一九六九）に清瀬市郷土博物館所蔵になっていたが、五十八年（一九八三）に取り壊されたという。また、武州多摩郡上小金井村の文書に嘉永四年（一八五一）「差上申御請書之事」には籾五斗六升八合と稗三八石六斗八升五合をそれぞれ「石櫃」「詰置」したことが記されている（江戸東京たてもの園『小麦と武蔵野のくらし』）。

この地方には多くの文書に詰戻しや稗倉の記録が残っているので、さらに詳細な調査が必要である。

飛騨の「郷倉米」

岐阜県白川町下佐見で有機農業を営む服部晃さんたちは無農薬・低農薬の稲を栽培し、その保管庫に元の郷倉を使っているので、「郷倉米」という名で販売している。

ここの郷倉は、元は下佐見の所有であったが、アジア・太平洋戦争後に地域の農協が使っていた。現在の郷倉の内部の壁は昭和二十六年八月八日付の新聞紙で補強されているが、これは農協が目張りに張ったものだという。また、金網も張ってあり、鼠除けである。その後、ある人が炭をおく保管場所にしていた時代もあったが、昭和六十三年（一九八八）に清水忠義さんが買取り、平成元年（一九八九）から開始した無農薬米などの貯蔵庫にしている。なお、この無農薬米の多くは名古屋市の人たちに販売している。

この近くの八幡神社のそばにもう一つ郷倉がある。田口通彦さんによると、吉田地区の自治会で所有しているもので、往時は村人のために飢饉用の籾を保管していた。現在は吉田地区の祭礼の道具などが保管されている。権利書などは保管されているが、ほかの文書は処分されたという。

豪農が地域を守る――奥三河の古橋懐古館

愛知県豊田市稲武町にある古橋家は篤農家として知られている。とくに六代古橋源六郎暉皃《てるのり》は幕末から明治期にかけて災害によって荒廃した「村の復興のための努力と実績が評価され」て「農商務省から天下の三老農（篤農）とされて『高等小学読本』に取り上げられ」た（高木俊輔『明治維新と豪農』吉川弘文館）。現代では豪農として栄えた建物を利用して古橋懐古館と名づけ、その業績を知らしめている。

六代暉皃は明治十八年（一八八五）刊行の『凶荒図録』（小田切春江編）に凶作についての次のような事績が紹介されている。明治十七年に農民を集め、天保七年の凶歳を例にとり、「凶荒の手当を怠るべからざる」事を説いたという。さらに、食糧だけでなく、塩不足の困難さを克服すべく、「蓄穀に次て塩の蓄え」も説いた。以下に記す貯穀のなかに海藻の「あらめ」を重要視しているのは、あらめに含まれる塩分のためであるという。

この古橋懐古館に災害どきの備蓄があると聞いて、訪れたのは平成二十四年の七月であった。多くの建物に数多くの資・史料が展示されており、備蓄関係は三畳ほどの広さの部屋に展示されていた。

古橋懐古館の建物（愛知県豊田市稲武町）

近世から続く備荒貯蓄（愛知県豊田市稲武町）

ここで見た備蓄の見本は四〇種類で、その多くはガラスの小瓶に入った穀物である。小瓶には次のような説明文が貼ってある。

「貯穀人　稲橋　青木藤四郎

明治八年

□□　糯籾

経年　明治四十二年ニテ三十五年」

この備荒貯蓄は、明治八年（一八七五）に稲橋村の青木藤四郎によるもので、明治四十二年（一九〇九）で三五年を経過し糯籾であるという意味である。こうした貯蓄穀物は二六個、ほかに明治時代の玄米二種（備荒米）、米三種、小豆、乾燥餅、乾餅、凍餅、竹の実、ワラビ粉、ワラビの乾燥葉、あらめ、山ごぼう乾燥葉、梅干しである。

これらの主要には貯蓄年代は幕末から明治時代にかけてであるが、もっとも古い年代は正徳二年（一七一二）の籾で調査した明治四十二年から逆算して一九七年たっているというもので江戸時代中期に当たる。次に安永八年（一七七九）の籾、天明八年（一七八八）の籾も備蓄されている。ほかの穀物は幕末から明治にかけての備蓄である。

以上の大半は展示室のガラスケースに保管されたり、その近くの大甕《かめ》に保管されたりしているものである。これらは見本に小分けされたものであり、多くはブリキ製の一斗缶に納められている。

次に、このガラスケース上部の張り紙には、「備荒貯蓄」とあるので、そこに注目してみよう。

「当地方は県下第一の寒冷地にて違作凶作が多く、殊に天保期（一八三〇〜一八四四）には未曾有の飢饉が続いたので」六代源六郎暉皃は、「米を出捐《しゆつえん》」したり、共有山に植林の法を設けたりして凶荒に備えようとした。が、即応し難いため、天保十四年（一八四三）、自ら「籾四十三俵を出捐し、各戸に貯蓄を勧誘し」て、その普及に努めた。

この張り紙の後段は、戸長であった別家の古橋義周が明治四十二年の暉兒の祭祀執行の際、霊前に供えるべく、それまでの貯穀者の名を記したものである。

「古物穀菽類取調書　古橋義周」と題するもので、穀物などの年号、品名、区名（集落名）、人名に分けて記している。もっとも古い年号は安永八年で、正徳二年のものは記されていない。正徳二年の籾は古橋懐古館の近くにある愛知県農業総合試験場に分譲されて、ここで保管されている。その量は籾数粒であるが、貴重な存在である。

ここでは貯穀された穀類の種類を見ていこう。

ソバ――――二三件
稲穂・籾・白米――一六件
粟――――――一六件
朝鮮稗――――八件
黍―――――――四件
稗―――――――三件
麦―――――――一件

記された件数の多い順に記した。ソバがもっとも多く貯穀されており、備荒食料としては利便性の高い穀物であったことがうかがえる。なぜならソバは皮ごと保管しておいても臼や石臼さえあれば、どんな場所でも、力のない女・子どもでも挽いて粉にすることができ、ソバ粉に熱湯を注いで掻けば、ソバガキができ上がり、簡便に食べることができる穀物だからである。やかんや鍋がなくとも、湯を沸かせる器、たとえば金属の器、土器などに類似した器があれば大丈夫である。ほかの穀物は脱稃・精白して加熱しないと食べることはできない。穀物の調整加工の作業に手間がかかり、加熱するにしても鍋釜の道具などを必要とし、簡便に、大勢の人の口に入れる食料確保は難しくなる。さらに、ソバは栽培期間が七五日と短いことも飢饉どきの作物として重宝された理由であろう。また、年三回の栽培も可能である。

朝鮮稗が八件と多い理由も粉にして食べることが原則の穀物だからであろう。ソバガキと同様、湯で掻いて食べてもよし、米や粟の飯に入れて増やしてもよい。籾・米と粟はおなじ件数である。粟は多分に米と並ぶ重要な穀物であったことが推測される。

全体に粟と朝鮮稗、ソバ、黍、稗など雑穀が多いのが一目瞭然としており、山間地という当地域の穀物生産のあり方がわかる貯穀状況である。雑穀は長い期間の保存が利く点でも備荒貯蓄に有効な穀物であるから、この貯穀状況はたいへん有効な備蓄であったといえよう。先の小瓶に入った備蓄穀物の見本でも朝鮮稗とソバがよく保管されていたのを考慮すると、当地域の貯穀には雑穀が大きな比重を占めていたことがわかる。

救荒食としてソバが多く保存されたのをみたが、実は当主古橋暉皃は幕末から明治にかけての多くの知識人と交流して、飢饉時の備荒貯蓄についての知識・技術の蓄積をもっていたと推測される。幕末の知識人の一人に三河出身の渡辺崋山がおり、古橋暉皃と懇意であった。渡辺崋山の友人の高野長英は天保七年（一八三六）に「救荒二物考」「勧農備荒二物考」（「二物考」『日本農書全集』70 農文協）を著わしている。表題になった二物とは「早生そば」と「馬鈴薯」のことであった。この書のなかで高野長英は、「早生そば」を救荒食としてあげる理由を一年に三度実をつけること、そのため「三度そば」ともいわれること、荒れ地にも栽培できること、五〇日で実ること、同じ土地に二度目、三度目の播種をしてもよいこと、「滋養に富んで」消化がよいことをあげ、大飢饉になったときでもどんなに天候が悪くとも一年のうち二ヶ月くらいはよい気候があるはずだから「早生そばを植えて、一年間の食料に充てればよい」と書き、短期間に栽培できることが「このそばを天下万民の大きな宝とする理由」と記している。このように書いた高野長英も、渡辺崋山も古橋暉皃も尚歯会に参加していた。尚歯会は紀州藩儒の遠藤勝助が主催し、飢饉対策を講じていた当時の知識人の会合で、当時盛んであった西洋の知識をはじめとする情報交換の場でもあった（「二物考」）。奥三河の古橋家はそういう豊かな情報のなかにおり、そこで知り得た飢饉と備荒の考えを地域で村人とともに実行に移していたといえよう。

古橋懐古館の災害に備えた施策のうち、もう一つ注目に値するものがある。「一厘貯金」がそれである。六代暉皃と七代義真父子による公私にわたる勤倹貯蓄の一つであったが、公による典型といえるものである。明治十一年（一八七八）に稲橋・武節組合村議会で議決して、「平時金穀を蓄積して非常に備えることとして一日一厘貯金の規約を設け、共同貯金を始めた」。その具体的な決まりは「一日金一厘宛一ケ年金参拾六銭五厘を一口と定め、一戸二口積を通例とし、戸内一口は婦妻が平居食糧注意して積み立て、他の一口は村落戸数に応じて賦課し、十戸部落なれば二十口の割で必ず積蓄し、年一割の利を以て利倍し、凶歳に備えようとするものであった」(古橋茂人『古橋家の歴史』古橋会)。

当時郡長であった七代義真は近隣の村にも普及させたが、長く継続したのは、稲橋・武節の二村だけであった。明治四十一年一月一日に精算したところ、二万八五〇円一厘になっていたという。解説によれば、現代の換算で「一厘を今日の百円とすれば実に二十億八千五百万円」としている。村の重度な災害においても十分な復興が見込まれる金額ではなかろうか。この「一厘貯金」に関する決議書も現存する。なお、「一厘貯金」の発端は、三河出身の勧業寮織田完之が明治八年に『農家永続救助講法』という「共同日課積み立て」を説いた印刷物を古橋父子に配ったことにあるという(『古橋家の歴史』)。

古橋家の備荒貯蓄はこれだけではないが、やはり注目しておきたいのは、古橋家という篤農家を中心にした地域相互の協同性による自然災害や飢饉に備えていた事実で、地域における公の役割を見ることができるといえよう。

昭和九年における救援対策の実相

昭和九年(一九三四)の天候不順による東北を襲った凶作は奥会津地方において稲作で七割から八割の減収であった。当時の稲作はまだ寒冷地用の稲の品種も開発されておらず、病虫害防除も行なわれていない状況にあり、その被害は甚大であった。そのような村にたいしてどのような対策がとられたのであろうか。当時の福島県南会津郡伊南村（現南会津町）の例（『伊南村近代百年史』伊南村史編纂委員会）をあげておこう。
この地域では明治三十五年（一九〇二）に大洪水があり、三十九年にも大凶作があった。そこで三十九年十一月に福島県知事の許可のもとで、救荒予備金条例が制定されて、次のことが決まった。

「一、救荒予備金の積立は本村住民の一ケ年の食料を支ふるに足るべき額に達すを目的とす

一、毎年蓄積すべき額は毎年村会の評決を以て之を定む

これによって一戸平均三〇銭以上を蓄積することを毎年の予算で決めた」

度重なる災害に遭うため、住民の積立も含めて、村の自治として災害にたいする予備的措置をとったのである。大正二（一九一三）年にも暴風雨による大洪水で災害が起きたが、ここでは昭和九年（一九三四）の凶作にたいする対策を追ってみよう。

この年の五月二日八十八夜に二尺余の雪が降り、田畑の仕事が始まろうとしている時期に大きな被害を被った。秋には村全体で凶作対策にあたった。

勤倹励行はいうに及ばず、小作料の協議など村会で協議された。各地からの寄贈の義捐物資は甘藷、海産物、衣料などで、貧困者に分与された。

以下は、さまざまな施策である。

●政府所有米の交付・払下げ

一、濡玄米払い下げ　六五〇俵　売出価格一俵　七円六〇銭

二、白米払い下げ　三五〇俵

払下げ財源に罹災救助基金などを借入、飯米欠乏農家に貸付（五年以内返還）

このほか特別立法による「凶作地に対し政府所有米穀の臨時交付に関する法律」によって次のような救援もしていた。

交付米（玄米）　七七一俵　交付委員会で審査・飯米欠乏農家に貸与（五年以内返還）

●郷倉の設置

下賜金四三〇円、福島県補助金一六三四円、村費五二八円によって恩賜郷倉が伊南村七集落、近隣の五集落に建設された。このうち、三集落では既設の倉庫を修理して郷倉とした。一集落に一二〇円宛の村費であった。

●共同作業所の設置

三井・三菱の義捐金で四集落に作業所が建設された。これは住民の現金収入を図るのが目的であった。

●一般からの義捐金と救援物資

一般からの義捐金は二一九二円と米などの食料品、衣料品、家庭薬などが寄せられた。

●種穀料、種籾料などの助成費

罹災救助金に種子穀料、種籾購入助成費一〇〇七円を農家に交付した。

●凶作対策事業

福島県山林会の斡旋で村請負の鉄道枕木を生産した。その代金は八七八六円であった。

●林業開設事業と時局匡救農村振興土木事業

林業、時局匡救農村振興土木事業によって一万六七七二円がもたらされた。

以上のように災害にあたっての対策は五つに分けられよう。短期間のための食料調達と、長期的な生活環境の復活を見通すために現金収入源になる事業の開発、農業のための種子料の確保である。

一、金銭や物資の義捐活動

二、政府所有米の払い下げ

これは村で政府所有米を買い取るものである。

村では救助基金や銀行から借り入れて購入する。特別立法による政府所有米の臨時交付米も必要な農家に貸与されるが、五年以内の返還が規則である。

三、郷倉の設置

四、現金収入を得るための共同作業場設置、山林業、農業の振興事業の実施

五、種子籾調達のための種子料購入助成費の実施

なお、この地域では近世の社倉制度のためか、近世・近代でも災害にたいする貯穀意識が高いが、明治八年には「救荒予備元籾積立」を集落単位で行なっていたし、明治十八年には近隣一五ケ村による「勤倹貯蓄組合」を設立していた。

奥会津木伏の区有文書の史料一「評定始」に次のような内容がある。時代は昭和十五年（一九四〇）である。

「国債消化割当、木伏当リ払込金額六百七拾四円也郷倉米ノ金額ヲ以テ各自購入一部ヲ区ニテ買入」

貯穀から有価証券まで

穀物やその他の食糧という現物を貯穀する一方で、国債を購入する、しかも、その国債は集落ごとの割当てであった。それを郷倉米の販売代金で個人も区の財産でも購入するというのである。割当額は六七四円で、当時としては高額であった。

酒井淳氏によれば災害時の食料貯蔵品目にも変化があるという（酒井『会津の歴史と民俗』下巻）。それによると、現物による貯穀が減少し、籾から通貨への貯畜の傾向がみられるようになった。福島県の例として、すでに明治十四年（一八八一）には通貨が、十五年には通貨とともに公債証書が見られるようになった。村落においても同じで、明治十七年に三九六町村で籾や麦、稗とともに通貨が貯蔵品目の対象になった。全国的にみてもその傾向が強まったが、貯穀を奨励する地域は茨城県、山口県、愛媛県であった。穀類などの現物ではなく、通貨や公債証書などで貯蔵することが合理的で便利である、とされたらしい。もちろん、奥会津では明治から大正、昭和にいたっても穀類貯蔵の地域もあった。右記の木伏区でも割宛てられた国債を買ったことがわかる。

現在、平成二十三年の東日本大震災を経験した私たちは、通貨や公債・国債などの貯蔵をどのように考えるべきであろうか。先の項で記したように、短期と長期の視野から災害時の貯蓄を考える必要

被災した大槌町（岩手県大槌町・平成24年5月撮影）

があろう。

東日本大震災にさいして、地域で災害食料備蓄庫を備えていなかったところでは、近隣のそれに頼らざるを得なかったし、それも近くにあれば助かったのであるが、全体の状況としては最初の三日間を地域の自力で生きなければならなかった。国や県などからまとまった食料が配給になったのは七日目であったという。この大震災にこれほどまでに救助が遅れたのは救援体制が広域であったことがあげられよう。交通手段の寸断により交通が途絶え、食料をはじめとする物資の輸送ができなかったこと、ガソリン不足による輸送困難の事態に陥ったことである。このような事態に直面して、食料確保ができた地域は、自分たちで災害のための備蓄庫を抱えていたところである。岩手県大槌町安渡二丁目は自主防災部を組織し、日ごろからもしものときに備えて炊き出しの訓練までしていた地域である。その住民の日常的な心構えを考えても、国や県の公的支援が来るまで短期間は住民の自力で生きる方策が必要であることが明白になった。そのうえで長期的に暮らしていくための事業の振興が急務になってくるであろう。大槌町安渡の場合は、当日の食料は米三〇kgが保管されていたが、近隣の市町村から八〇〇人余の人が集まり、「タコヤキと同じくらい」の大きさのおにぎりが一人一個配られたという。安渡二丁目自主防災部の関洋次

大槌町安渡の食料備蓄庫（岩手県大槌町安渡）

大槌町安渡の「命の釜」（岩手県大槌町安渡）

さんは、翌日から岩手県内を車で走りまわり、内陸にある都市のスーパーマーケットで持ち合わせの現金がないため、店長決済（被災地が後払いする）で米六〇〇kgを買い入れたという。この話は、物資だけではなく、地域の備荒貯蓄には現金等の必要性もあるのだ、ということを語っている。

また、先に述べた福島県の旧伊南村の場合を見てもわかるように、政府所有の払い下げ米は、村が買い入れて、住民に貸与し、借りた家は五年以内に返済するのである。村でも備荒貯蓄にさいし、金銭およびそれに代わるものも必要だったのである。備荒貯蓄と支援が、現物か、貨幣・証書などかの論議は、こうした短期・長期の生活の立て直しと復興の元に行なわれるべきであろう。

もう一つ重要なことは、旧伊南村の例でもわかるとおり、復興事業の早期立上げこそ、被災地の人々を勇気づけるものである。

終わりに――種子が内包する思想

四mの大雪の中で作物を守る人たち

平成二十一年の夏の猛暑と、二十二年の冬の大雪は異常気象そのものであった。大寒波の襲来の日で、世界一の豪雪地帯といわれている福島県の奥会津の只見町坂田は近年にない大雪で、二階まで降り積ったという。朝五時から雪掻きをしていて、昼前になってもし続けていたという。ブナ林の渓流に発して流れる清流で作った米やら雑穀やら豆やらいつも頼んで送ってもらうのに電話をかけたときの現地の様相である。なにしろ只見町は、屋根に積もった雪を排除するのに「雪下ろし」といわず、「雪掘り」という。雪は掘る状態まで降り積るのである。人の背丈より屋根に積もった雪のほうがずっと高いのである。

先の送ってもらう荷物のなかに「花嫁ササギ」があった。東京あたりでは「花豆」といっている大粒のインゲンマメである。南会津地方で栽培されている「花嫁ササギ」は夏に真っ赤な赤と白の花を咲かせ、民家の屋根を覆うまでに成長し、夏になくてはならない風景の一つとなる。その花嫁ササギが今年はあまり稔らなかったという。そういえば、畑の青豆（アオバタ豆）が毎年作っている農家でも実らず、減反対策の水田に栽培したものだけが実ったという。この青豆は、石垣島や立川のベテラン農家の人にも播いてもらったが、莢は立派にできて、これならと思ったにもかかわらず、種子すら取れない悲惨な状況であった。黍も各地でできず、できても例年のような黄金に輝く黍の色は望むべくもなかった。

四〇年余、歩いて聞いてきた話のなかで種子について思い出すことを記すならば、最初に浮かぶのは、おばあちゃんやおじいちゃんがいう「先祖がずっと伝えてきたものを自分の代で切らすわけにはいかない」という言葉である。「先祖がずっとと伝えてきたもの」とは、年中行事だったり、神様や仏様のことだったり、毎日の食べ物のことだったりするのだが、じいちゃんの作っていた作物の種子もそうだ。じいちゃんの作っていた種子を受け継いだのは嫁さまだ。それが現在のばあちゃんなのである。話を聞いて歩いて思うのは、在来作物の種子を保有しているのは、圧倒的に女性たちである。その種子も、次代の嫁や娘たちが継いでおり、その種子にまつわる伝承も明らかに女性たちの知恵と記憶になっている。忘れられそうな、切り捨てられそうな事象を積み重ね、それを自分のものとしている。農業の根幹にある種子の伝承はじいちゃんから女たちへと伝わっている。在来作物の種子による農業を地道に、根気よく、気候に左右されても作り続けることができるのは女たちだ。じいちゃんとその前のじいちゃんとその前のじいちゃんを背負って、忘れられそうな家の、地域の文化を受け継いでいるのは女たちである。

在来作物は地域の文化である。それは、誰もが子どものときから長い間食べ続けてきたわけで、好きも嫌いも全部体に記憶してきた。私は、三回の癌の手術を受け、三回目の治療では放射線も照射し、抗癌剤も服用した。放射線治療時にはさすがに食べ物がのどを通らないときがあり、茶椀と箸を抱えながら、涙が出てくる。そのとき、食べられるものを、と思いついたのが子どものころに食べていたトマトやキュウリなどの夏野菜である。ご飯などの穀物がのどを通らなくとも、さっぱりした野菜はのどを通りやすい。好き嫌いの激しい私にはなじみのある子どものころの食べ物は食べやすい。栄養や体にいいという理屈ではないところにその持ち味がある。まさに、何十年と体に染みついた栄養成分のかたちが目の前にあるようだった。それは体が憶えている食べ物だったから、わたしは「体の記憶」と名づけて、体調の悪いときにはその言葉を思い出し、食べられるものを食べてきた。栄養的になにが足りないという世界ではないのである。本人にとっては安心して食べられるもの、食べると気持ちが安らぐもの、ということになる。

私の「体の記憶」と「スピリチュアル・フード」

私の「体の記憶」と名づけた食べ物への深い体のもつ感性を、スピリチュアル・フードと名づけたのは、東京都保険医療公社大久保病院の丸山道生外科部長である。丸山道生氏は大腸癌の外科医として海外の病院に行き、手術を指導するかたわら、その病院、またその地域（国）における病人食、術後食を研究している。その研究のなかで、病人食・術後食は、食べやすいことばかりでなく、病気に打ち勝つだけの栄養素も要求されるが、それはカロリーやタンパク質、ビタミン類などの科学的栄養素でもあるが、「一方、食べたら元気が出る、食べることにより生命が再生する、そのような精神的作用を持つ栄養素も必要なのです」といい、そのような食事を「食べると元気の出る食事」と名づけ、「子ども時代に食べつけたものは、それぞれの地域や国々のスピリチュアル・フード」なのだという。それは個人の嗜好を超えて民族のスピリチュアル・フードにもなるという。スピリチュアル・フードは物質面、精神面の両方の要素をもつものである。だから、スピリチュアル・フードは、言葉どおりに「命の食べ物」ということもできる。丸山道生氏によれば、スピリチュアル・フードは、地域に根ざした食材を調理したものであり、それがエコ・ニュートリションであるという。エコ・ニュートリションとは「地域に根ざした食事」、あるいは「地域の栄養学」とでもいおうか。世界中を歩いて、病人食・術後食を食べてきた丸山道生氏は最後に、「病人食には地域の食文化の歴史と民族の精神性が感じられるもの」を考慮した栄養療法がエコ・ニュートリションであり、「失われつつある地域のスピリチュアル・フードを保存し、民族の健康を維持していくのもエコ・ニュートリションの大きな役割でしょう」と述べている（丸山道生「栄養教室　エコ・ニュートリション」『PDN通信』）。

蛇足ながら、エコ・ニュートリションは、日本の言葉でいえば「四里四方は医者いらず」に通底しているのであろう。江戸時代から伝えられている「四里四方は医者いらず」とは、自分の住む四里四方（約一五㎞の範囲の地域）でとれた食べ物を食べていれば、健康で医者の世話にならずにすむ、という格言である。

在来作物の種子は「スピリチュアル・シード」

丸山道生さんは、スピリチュアル・フードであるその国や地方の伝統的な文化や歴史に根づいた食物の摂取が病人食として有効であるといい、「四里四方は医者いらず」の意味することも地域に育った産物こそ健康の源だといっている。地域に根づいた農産物こそ在来の種子によって栽培された作物である。丸山道生氏の研究は、日本だけでなく、それぞれの国・地方に産した物産の物質的、精神的な両面における栄養が命を再生に導くのだという。子どものころに食べ続けていたものが、その人の体に染みつき、体の一部になっていく。その食べ物こそが地域で栽培されていた在来作物である。それをスピリチュアル・シードと呼びたい。シード（種子）があってこそ、フード（食べ物）が存在するのである。

地域の栽培作物の中心であった作物が、形のそろった、味の均一化された雄性不稔のF1などに代わっていったのは昭和三十年代、四十年代の高度経済成長期である。今、失った在来作物の重要性に気がつき、全国各地で地域の在来作物の掘り起こしが始まっている。そして、その種子の自家採種できる人たちと提携して、在来作物の復活・普及をしている。著者もそのような活動を沖縄県の八重山地方などで数年前から行なってきた。平成十年からは東京都立川市の砂川地区の豊泉喜一さん（昭和五年生）にお願いして、豊泉家の畑と立川市歴史民俗資料館の施設古民家園の体験農業の畑に在来の種子を播いてもらい、種子の増殖をしてもらっている。一方、著者が昭和五十年代前半からもらい集めた雑穀などの在来の種子を整理し、民俗資料と同じと考え、受入番号や標準名、地域名称、栽培者、種子の来歴を記録、収集・保存を始めた。それは約二〇〇件になった（二四八ページにその一覧）。

ようやく種子研究が始まり、入口まで辿りついた感があるので、今後、地道な研究、活動を継続したい。

中尾佐助氏の言葉「種子から胃袋まで」に沿って、種子を見ること、採種すること、栽培、収穫、調整作業などに留まらず、自分たちで調理して食べること、各地の在来作物を食材にしたかんたんな調理を行ない、ミニ試食会と講演会を行なうようにしている。要するに、種子も見る、生産物＝実も見る、調理した食品も見る・食べることが重要なのである。机に座り、デスクワークによる史料のみの研究から脱し、栽培されていた現場に立ち、地域そのものから、そしてそこに住む人たちからも学ぶようにしたい。このような五感を使い、体で覚えていくことで、在来の種子を大切にする意識が生まれよう。

種子の貸出制度の思想——「救済から自助・自立」

義倉・賑給・出挙、社倉、郷倉はそれぞれの目的も時代も異なるが、基底でつながりをもっているのは、食料の入手困難に際して、公的な補助・救済にだけ頼るのではなく、補助・救済のうえに「自助と自立」を促していることである。「自助と自立」を翌年に、あるいは将来に見はるかしながら、現在の暮らしを立てていくことを勧めているのである。「救済から自助・自立へ」という思想を基にした政策であったということができよう。そういうなかにあって、食料だけでなく、翌年の種子の確保についても配慮されていたわけで、食料だけの救済は都市部にはあったかもしれないが、農村地帯には必ず種子の配布があったことは、詳細に史料を検討すればわかることである。その意味においても、救済制度よりも相互制度を重視した柳田国男の三倉研究は、明確な問題意識をもつ卓抜な社会政策研究であったといえるだろう。

公《おおやけ》の論理「種子は神の前に、万人に平等である」

なぜ、「種子は神の前に」あるのだろう。いつもその解けない問いを抱えながら、種子を伝えてきた人たちのことを考える。沖縄のあちこちの島の人たちも、高知の天を耕すような村で暮らす人も、子守唄で名高い五木村の人たちも、山梨の雑穀と長寿で有名になった村の人たちも、東京の天辺で転げ落ちそうな斜面の畑を耕す人たちも、降り積もる雪を豊作の徴《しる》しとした奥会津の人たちも、岩手の北上山地で雑穀を守ってきた人たちも。みんな、黙々として先祖伝来の種子を播いてきた。新年に神に豊作を祈り、夏には防虫・防風を祈り、秋の祭りには収穫を感謝し、翌年の種子の加護を祈る。その営々とした営みの積み重ねには神の存在がある。種子は、神の前で交換され、売買され、譲り受ける。その背後にあるのは種子の保存と分配の作法である。種子は、聖なる種子として祀り、庶民の手に分配され、委ねられ、春に再生のときを迎える。そういう筋道のうえにある種子は生命の根源に存在するものである。

神祭りと種子の関係はいくつかの神事を通して見てきたが、これのみに終わるわけではない。そのいくつかは、拙著『雑穀の社会史』や『雑穀を旅する』などで触れてきたので、今回はできるだけ、その後に見学した神事を記した。そのなかで茨城県の近津神社や西金砂神社による七年ごとの種子換え神事は種子の断絶を恐れた地域という公による保存の形態と思われる。静岡県森町の日月神社の頭屋制による粟種子の神事も、同県磐田市の府八幡宮（拙著『雑穀の社会史』）と矢奈比売《やなひめ》神社（同書）の神事も「種子を切らさない」ための公的な仕法である。神の手に因ることで永続的であることと、公的であることが保証された仕法であるといえよう。古くは神社に属する神田もあり、村人総出で田植えをし、その種子の保存に心を砕いていた。そうすることで、神は村の何人にも平等に種子を分け与えた。「種子をただでもらうと実がならないよ」「芽がでないよ」と言い伝えたのは、八重山地方と熊本県五木村と東京都昭島市である。このような種子にまつわる数々の言い伝えを地域社会に残し、すべての人に平等である種子の作法を教えたのも神である。神は自然の理を教え、そして人間同士のつながりを教えているのである。災害時の種子と食料の貸付制度はそのことをよく示している。そのことを現代風にいえば、「公《おおやけ》」なのであろう。神の存在とは「公の論理」を暗黙のうちに指示していたのであろう。

現在、遺伝子組換えの種子や自殺する種子、F1の種子、放射線を照射した種子、さまざまな問題を抱えた種子は、別の問題もかかえている。つまり、限られた人の独占的な商品化と「金もうけ」という手段にさせられており、また、在来作物の種子においても、限定した地域から種子を持ち出さないという種子の独占化を図っている地域もある。「種子の囲い込み」である。このような状況においては「種子は神の前に」「万人に平等である」とはいい難い。私は奥会津である古老からアジア・太平洋戦争後の食料難のおり、赤字経営の農協の組合長になった理由を聞いたとき、「この村を食える村にしたい」からと語った。「わが家」ではなく「この村」という公の論理をこの人は掲げて、潰れそうな農協に手を出し、「火中の栗」を拾ったのである。生命の根源である種子も「公」の存在である。

あとがき

冬野菜のおいしさをあらためて知ったのはごく最近である。あちこちを訪ね歩いて、よく食べさせてもらうので、野菜のおいしさを知っていたつもりであった。神奈川県厚木市の農家から送られてきた野菜は味が濃く、ゴボウもニンジンもまな板の上で切っているうちに香りが立ち上ってきた。ゴボウもニンジンも独特の匂いのある野菜なのに最近はその香りが感じられなくなっていた。子どものころに接した香りにまた出会ったのである。ゴボウとニンジンばかりではない。日本ホウレンソウに、湘南一本ネギ、三浦大根、マルコという名のサトイモ、キャベツ、ナガイモ……。根に近い部分がピンク色の日本ホウレンソウも、その甘さが子どものころ食べたホウレンソウの味であった。キャベツとニンジン以外は毎年自家採種をした種子を播いて育てた野菜である。この農家の自家採種の種子は栽培し始めてからすでに四〇年以上になるという。この野菜を共同購入している友人は「病みつきになりそう」と、食べる喜びを隠そうとしない。そのおいしさの秘密が在来種といわれている種子にあることはいうまでもない。

現代の「食の安全」には農薬や搬送のための防虫剤、保存料などの食品添加物などに加え、放射能汚染の危険性まで幅広い問題がある。そういう食をとりまく現状のなかにあっても、この農家のように在来種の種子によって野菜を育てている農家はたくさんある。消費者の私たちは手に入れようとすればそれは可能で、「おいしい野菜」を毎日食べることができる。消費者が生産農家と生産地を育てていくのである。

本書は、自家採種を昔ながらに行ない、在来の作物を作り続けてきた農家の人たちの話を綴ったものである。「種子をもらう作法」にしても、「こぼれ種子」による自然な栽培にしても、アジア的農法「八重山の混作」も目を見張るばかりの農家の人たちの知識であった。そういう豊かで、自在な暮らし様も日本にはあるのである。

災害時の備蓄についても、古代から地震や津波、冷涼な気候と害虫による凶作など多くの災害が限りなく日本を襲ってきた。度重なる災害は「すべての人を救う」ための制度と慣習を作り出してきた。それが近世・近代における社倉や郷倉に結実し、地域の協同の力を生み出してきた。その核になったのが、種子と食料であった。

本書は、多くの地域のみなさんと農文協編集局次長の甲斐良治氏にお世話になって上梓することができた。感謝の言葉のみである。

二〇一三年三月

増田昭子

作成：増田昭子・2013.2.22

種子の履歴・由来　他
1970年代後半に初めて稗・粟・黍の実物を見た
倉掛は檜原村北谷の最奥の山上集落
八王子の資料館で増田が講演したとき福島からもらった
1989年に調査。西下の有岡家からもらったと思う。『惣川民俗誌』に報告を書いている
1970年後半に檜原村で入手
1975～1980年代の種子。中川勇は智の父。「ボウズ」はノゲが少ないか、ない品種。『昔風と当世風』に報告あり
1980年代に増田が調査に行ってゆずってもらった種子
1970年代後半にもらった
1970年代後半にもらった
1975～1980年代にもらった
1983年１月にもらった
1983年９月27日にもらった
友人の湯川より入手
玉城村の受水走水(稲の伝来地) で購入した(増田)「紅ろまん」1998年前後
2001.6.18前沢で増田がもらった
玉城村の受水走水(稲の伝来地) で購入した(増田) 1998年前後
2002年に佐々木ハツから増田がもらった。コッキミといった
これは秋ソバである。増田がもらった
増田がもらった
これは1999年の献上粟である。平原家が献上した。品種は古里１号で在来の品種である。増田がもらった
2005年産。増田がもらった
2005年産。増田がもらった。秋ソバ
2006年産の小麦。増田がもらった
在来の2006年産の小麦。増田がもらった
増田がもらった。2006年
在来のエゴマ。自家採種の種子をトリッカエシという。増田がもらった
増田がもらった。これはウルチだが糯黍はモツキンという
増田がもらった
増田が2006年にもらった。2005.12月に播種した種子
増田が2003年にもらった。2002年栽培。シロアンである
増田が2002.2.1にもらった
増田が2002.2.1にもらった
増田が2002.2.1にもらった
イクから2002年産を増田がもらった

在来作物の種子保存受入一覧

No.	受入年月日	地域	現地の呼び名	標準名
1	1970年代後半	東京	ヘー	稗
2	1970年代後半	東京	アワ	粟
3	1970年代後半	東京	キミ	黍
4	1980年代前半	東京	キミ	黍
5	1989.9.27	愛媛	コキビ	黍
6	1970年代後半	東京	アワ	粟
7	1975～1980年代	山梨	アワ（ボウズ）	粟（糯）
8	1980年代	新潟	アワ	粟
9	1970年代後半	東京	キミ	黍
10	1970年代後半	東京	ヘー	稗
11	1975～1980年代	山梨		シコクビエ
12	1983.1	山梨	ホモロコシ	モロコシ
13	1989.9.27	愛媛	タカキビ	モロコシ
14		岡山	アカゴメ	赤米
15		沖縄	アカゴメ	赤米
16	2001.6.18	福島	アカカブ	赤カブ
17		沖縄	クロゴメ	黒米
18	2002	岩手	コッキミ	黍（糯）
19	2002	東京	ソバ	ソバ
20	2005	東京	コムギ	小麦
21	2005	東京	アワ	粟
22	2005	東京	ノラボウ	
23	2005	東京	ソバ	ソバ
24	2006	東京	コムギ	小麦
25	2006	東京	コムギ	小麦
26	2006	東京	オカブ	オカボ（陸稲）
27	2006	東京	エゴマ	エゴマ
28	2003.7.24	沖縄	キン	黍（粳）
29	2003.7.19	沖縄	アー	粟
30	2006	沖縄	アー	粟（糯）
31	2003.1.19	沖縄	アン（シロアン）	粟
32	2002.2.1	沖縄	アー	粟
33	2002.2.1	沖縄	キン	黍
34	2002.2.1	沖縄	フームン	モロコシ
35	2002年	沖縄	シン	黍（糯）

種子の履歴・由来　他
粟国島・浜の新城トシ子から2003年に増田がもらった
2004年ころ内盛勇から増田がもらった。古い黍で栽培していない。竹富→波照間→竹富
2004年産。内盛勇から増田がもらった 内盛の民宿でアワメシにしている
2006年小濱から増田がもらった。自家用
2006年小濱から増田がもらった。自家用
2002年に東大田から増田がもらった。トウホクは種子屋名？精白済
2008年6月に飯塚孝子より増田がもらった
2007年9月西岡から増田がもらった
2006年に小林の奥さんから増田がもらった
伊江島の在来種カンリキ。大城→石垣→増田→田福・崎原へ栽培依頼
品種名コウアンダー。大城→石垣→増田→田福・崎原・土井。土井から里帰りの種子がきた
品種名青ヒグー。大城→石垣→増田→田福・崎原・土井へ。土井から里帰りの種子がきた
2006年産。小麦粉を入れてヤツマタダンゴにして食べる。増田がもらう
2006年産。増田がもらった。餅にして食べる
2006年産
山内アヤメから斎藤玉子へ。2009年玉子栽培
坂田で伝世した粟の種子。2009年産
坂田で伝世した黍の種子。2009年産
山梨県上野原市西原の中川智家より2009年にもらいうけ、梁取徳雄が栽培
同上　中川智→徳雄へ
同上　中川智→徳雄へ
福島県下郷町の道の駅で購入。生産者星和子いう「じいちゃんが作った豆」
同上　下郷町・星希生産
同上　梁取フキ子曰く「緑が濃いから買った」下郷町木村徳義生産
増田がもらった
穂の状態で増田がもらった。24と同じか
アワとキミが混じっている。黍は平原家から唯一の収集。
この年を最後にキビを作らないとツヤ子の言。小鳥が何百羽もきて食してしまい、穂に実が入っていないのだという
2006年産。増田がもらった。
2007年に井上→松本(関西の人)→増田がもらった
2007年に井上→松本→増田がもらった。赤味あり
2007年産。増田がもらった
塚山荘→下里恵子→増田
飯山邦アキ→下里恵子→増田
小浜島→小濱勝義→増田→八重山・土井。土井から里帰りの種子がきた
小浜島→仲山仲子→田福敬子→増田

No.	受入年月日	地域	現地の呼び名	標準名
36	2003	沖縄	マージン	黍（糯）
37	2004？	沖縄	ウズラシン	黍（糯）
38	2004産	沖縄	アー	粟
39	2006	沖縄	アー	粟
40	2006	沖縄	ウフムン	モロコシ
41	2002.1.31	沖縄	フームン	モロコシ
42	2008.6	福島	モロコシ	モロコシ
43	2007.9.11	徳島	コキビ	黍
44	2006.7.19	東京		小麦
45	2010.3.3	沖縄		小麦
46	2010.3.3	沖縄	コウアンダー	大豆
47	20103.3	沖縄	青ヒグー	大豆
48	2007.9.11	徳島	ヤツマタ	シコクビエ
49	2007.9.11	徳島	アワ	粟
50	2007.9.11	徳島	ヤマビエ	稗
51	2010.3.30	福島	黒豆のビッタラ	黒豆
52	2010.3.30	福島	アワ	粟（糯）
53	2010.3.30	福島	キミ	黍（糯）
54	2010.3.30	福島	クロキミ	黍（糯）
55	2010.3.30	福島	シロキビ	黍（糯）
56	2010.3.30	福島	アワ（ムコダマシ）	粟
57	2010.3.30	福島	ナットウマメ	大豆
58	2010.3.30	福島	クロマメ	黒豆
59	2010.3.30	福島	アオマメ	青豆
60	2008.11	東京	アワ	粟（糯）
61	2008.11	東京	コムギ	小麦
62	2008.11	東京	アワとキミ	粟と黍
63	2007.9	徳島	コキビ	黍
64	2007.9.11	徳島	コキビ	黍
65	2007.9.11	徳島	ヒエ	稗
66	2007.9.11	徳島	アワ	粟
67	2007.9.11	徳島	コキビ	黍
68	2010.5.17	沖縄	ミヤコダイズ	大豆
69	2010.5.17	沖縄	ミヤコダイズ	大豆
70	2010.5.22	沖縄	コハマダイズ	大豆
71	2010.5.22	沖縄	コハマダイズ	大豆

種子の履歴・由来　他
2006年産。増田がもらった
2006年産。増田がもらった。在来種
2006年産。増田がもらった。在来種
2006年産。増田がもらった
2006年産。在来種。増田がもらった
2009年産。品種はサイタマー。高嶺→増田・八重山食文化研究会のシンポジウムで配布
2009年産。波照間島産→田福→増田・八重山食文化研究会のシンポジウムで配布
2009年産。高嶺→増田・第一回シンポジウムで配布
2009年産。小濱→増田・第一回シンポジウムで配布
2009年産。在来種。メシアワという。増田がもらった
2009年産。在来の糯種。ムコダマシという。増田がもらった
2009年産。在来の糯種。増田がもらった
2009年産。静岡の人より中川がもらった。中川から増田へ
2009年産。在来の種。増田がもらった
2009年産。在来の糯種。シロキビ。増田がもらった
2009年産。在来の糯種。クロキビ。増田がもらった
2009年産。在来種。増田がもらった
増田がもらった
江戸時代から伝承されている原産の種子といわれている
2010年８月に増田がもらった。穀倉の稗櫃に保存されていた
2007年産を 2010年に増田・津野がもらった
2010年8月に増田がもらった
1982年湯川がもらう。→増田
名称レッドルビー。関口日出夫から増田がもらう。2010年８月立川の古民家園に播く
増田がもらった。2010年８月立川の古民家園に播く
増田がもらった
増田がもらった
増田がもらった。穂が赤い。在来ではない
増田がもらう
2010年の種子取祭の種子下ろしの日に増田がもらう
浦仲孝子→増田→島仲和子が 2010年３月に黒島の畑に播種。夏の収穫
蔓挿しのできるミヤナナゴ。島仲和子から苗を森井・宮城に栽培委託
首の長い種類。増田→国府方せい子・石垣直子・前大用裕に栽培委託
2010年にもらう。東京都立川市の宮崎からの要望。宮崎は昔栽培経験あり
莢入りのため、そのまま保存
落ちた種子から生えたフタリバエによる種子。佐和子の娘ゆかりが送ってくれた
2010年10月に三郎の妻筆子が送ってくれた
2010年10月に三郎の妻筆子が送ってくれた種子。50徳島のヤマビエに似ている

No.	受入年月日	地域	現地の呼び名	標準名
72	2007.9.11	徳島	ソバ	ソバ
73	2007.9.11	徳島	ナンバ	トウモロコシ
74	2007.9.11	徳島	ナンバのワリ	トウモロコシの割り
75	2007.9.11	徳島	アズキ	小豆
76	2007.9.11	徳島	キュウリ	キュウリ
77	2010.2.27	沖縄	ムギ	小麦
78	2010.2.27	沖縄	モチキビ	黍
79	2010.2.27	沖縄	アワ	粟
80	2010.2.27	沖縄	ウフムン	モロコシ
81	2010.6.30	山梨	アワ	粟（粳）
82	2010.6.30	山梨	アワ	粟（糯）
83	2010.6.30	山梨	アワ	粟（糯）
84	2010.6.30	山梨	アワ	粟（粳）
85	2010.6.30	山梨	ヒエ	稗
86	2010.6.30	山梨	キミ	黍（糯）
87	2010.6.30	山梨	キミ	黍（糯）
88	2010.6.30	山梨	ホウレンソウ	ホウレンソウ
89	2010.7.4	東京	コムギ	小麦
90	2010	東京	ノラボウ	ノラボウ
91	2010.8.28	高知	ヒエ	稗
92	2010.8.28	高知	ヒエ	稗
93	2010.8.28	高知	キュウリ	キュウリ
94	2010.8.31	宮崎	ヒエ	稗
95	2010.7.15	福島	ソバ	ソバ
96	2010.7.17	福島	ソバ	ソバ
97	2010.7,17	福島	カブ	カブ
98	2010.7.15	福島	マメ	大豆
99	2010.7.16	福島	アワ	粟
100	2010.6.3	福島	カオリマメ	青豆
101	2010.10.5	沖縄	アー	粟（糯種）
102	2010.10.6	沖縄	アカマミ	小豆（赤）
103	2010.10.6	沖縄	ウン（いも）	サツマイモ
104	2010.10.8	沖縄	ハボチャ	カボチャ
105	2010.10.8	沖縄	ナタマメ	ナタマメ
106	2010.3	沖縄	ナタマメ	ナタマメ
107	2010.9.20	高知	コキビ	黍
108	2010.10.5	高知	コキビ	黍
109	2010.10.5	高知	ヒエ	稗

種子の履歴・由来　他
松永チツ子より増田がもらった。白水団地の土屋トモエ→松永
松永→増田。2010産
松永→増田。2010産。農協から買った種子
松永→増田。2010産
松永→増田。自然に生えた稗
黒木→増田。2010産
黒木→増田。2010産
黒木→増田。2010産
犬童→山村池子→増田
尾方→増田。2010産
尾方→増田。2010産
尾方→増田。
尾方→増田
尾方→増田
尾方→増田
尾方→増田。在来種
尾方→増田。在来種
山村→増田。在来種
山村→増田。紫色のトウモロコシ、在来種
山村→増田。黄白色のトウモロコシ、在来種
山村→増田。在来種
山内アヤメ→増田。2010年産。51はアヤメ→玉子
アヤメ→増田。2010年産
アヤメ→増田。2010年産
梁取徳雄→増田。2009年産
2010年産。昔風の味のするキュウリ
2010年産。みその材料にする
2010年産。胡麻よりも香りが高い
品種名はモッカ。島仲→名嘉→島仲→増田
島の在来の大根。辛い。10~12月に播く。前本は小浜出身
奥多摩の在来種。天沼→増田→豊泉栽培依頼
原島糸子→増田→豊泉畑植え。皮が赤。春秋の二度植え可能
マーケットで増田が買い、豊泉へ。皮と内部が紫
マーケットで増田が買い、豊泉へ。皮が赤で内部が黄色
土井が2011年篠山で栽培→増田
土井が2011年篠山で栽培→増田
浦仲より増田へ
浦仲より増田へ
東北のもの？2008年土井が入手。赤い。2009年篠山で栽培→増田
湯谷2011年栽培→増田
土井→増田

No.	受入年月日	地域	現地の呼び名	標準名
110	2010.10.24	熊本	アワ	粟
111	2010.10.24	熊本	コキビ	黍
112	2010.10.24	熊本	コムギ	小麦
113	2010.10.24	熊本	キビ	モロコシ
114	2010.10.24	熊本	ヒエ	稗
115	2010.10.22	熊本	キビ	モロコシ
116	2010.10.22	熊本	クロゴメ	黒米
117	2010.10.22	熊本	アカゴメ	赤米
118	2010.12.5	熊本	クビナガカボチャ	首長カボチャ
119	2010.10.23	熊本	コムギ	小麦
120	2010.10.23	熊本	ハダカムギ	ハダカムギ
121	2010.10.23	熊本	コキビ	黍
122	2010.10.23	熊本	キビ	モロコシ
123	2010.10.23	熊本	ダイズ	大豆
124	2010.10.23	熊本	アズキ	小豆
125	2010.10.23	熊本	トウキビ	トウモロコシ
126	2010.10.23	熊本	ジキュウリ	地キュウリ
127	2010.10.24	熊本	ムカシソバ	ムカシソバ
128	2010.10.24	熊本	トウキビ	トウモロコシ
129	2010.10.24	熊本	トウキビ	トウモロコシ
130	2010.10.25	熊本	アツキ	小豆
131	2010.11.27	福島	黒豆ビッタラ	黒豆
132	2010.11.27	福島	ケンジナス	ナス
133	2010.11.27	福島	キュウリ	キュウリ
134	2010.11.27	福島	アオマメ	青豆
135	2011.5.9	東京	キュウリ	キュウリ
136	2011.5.9	東京	ダイズ	大豆
137	2011.5.9	東京	エ	エゴマ
138	2011.6.29	沖縄	ハボチャ	カボチャ
139	2011.6.29	沖縄	シマダイコン	ダイコン
140	2011.9.15	東京	治助ジャガイモ	ジャガイモ
141	2011.9.15	東京	不明	ジャガイモ
142	2011.7.00	東京	シャドウクィーン・ジャガ	
143	2011.9.13	東京	インカのひとみ	
144	2011.9.23	兵庫	アワ	粟
145	2011.9.23	兵庫	ヒエ	稗
146	2010.5.21	沖縄	ハーマミ	小豆（黒小豆）
147	2010.5.21	沖縄	クマミ	小豆（緑豆）
148	2011.9.23	兵庫	アワ	粟
149	2011.9.24	三重	アワ	粟
150	2011.9.23	兵庫	米澤モチ麦	大麦

種子の履歴・由来　他
土井→増田
奈良県の品種。土井→増田
広島県の在来。土井→増田
土井→増田
土井→増田
土井→増田
土井→増田
岡山在来。土井→増田
高知県本川村→土井→増田
岡山県→土井→増田
土井→増田
岡山の在来。土井→増田
高知県→土井→増田
高知県→土井→増田
土井→増田
岡山県の在来。土井→増田
高知県→土井→増田
高知県→土井→増田
土井→増田
岡山県。土井→増田
岡山県。土井→増田
岡山県。土井→増田
高知県→土井→増田
岡山県。土井→増田
土井→増田
岡山県。土井→増田
岡山県。土井→増田
岡山県。土井→増田
長野県→土井→増田
土井→増田
土井→増田
ゴセシコク＝五畝四石ともいう。豊泉→増田
穂曲がり。中川→増田　2010年産
穂曲がり。中川→増田　2011年産
2010年産。中川→増田
2010年産。中川→増田
高知県の知り合いから飯塚孝子へ。孝子2011年栽培→増田
當山→増田→與那国
神祀りに供える稲。荻堂→増田
2011年産。栽培者は大倉の人。咲子→増田
2011年栽培。宮岡和記→渡部公正→増田。拝島のハケで栽培可能

No.	受入年月日	地域	現地の呼び名	標準名
151	2011.9.23	兵庫		小麦
152	2011.9.23	兵庫	紅麦	ハダカオオムギウルチ
153	2011.9.23	兵庫	団子麦	ハダカオオムギモチ
154	2011.9.23	兵庫		小麦
155	2011.9.23	兵庫	紫小麦	小麦
156	2011.9.23	兵庫	アワ（ムコダマシ）	粟
157	2011.9.23	兵庫	アワ	稗
158	2011.9.23	兵庫	キビ	黍
159	2011.9.23	兵庫	キビ	黍
160	2011.9.23	兵庫	シロキビ	黍
161	2011.9.23	兵庫	対州ソバ	ソバ
162	2011.9.23	兵庫	モロコシ	モロコシ
163	2011.9.23	兵庫	タカキビ	モロコシ
164	2011.9.23	兵庫	茶タカキビ	モロコシ
165	2011.9.23	兵庫	クロアズキ	クロアズキ
166	2011.9.23	兵庫	タカキビ	モロコシ
167	2011.9.23	兵庫	長桿タカキビ	モロコシ
168	2011.9.23	兵庫	丑アズキ	小豆
169	2011.9.23	兵庫	備中ダルマササゲ	小豆
170	2011.9.23	兵庫	少納言	小豆
171	2011.9.23	兵庫	岡山白	シロアズキ
172	2011.9.23	兵庫	岡山赤	大豆
173	2011.9.23	兵庫	銀不老	インゲン
174	2011.9.23	兵庫	白三度豆	インゲン
175	2011.9.23	兵庫	大篠在来	オクラ
176	2011.9.23	兵庫	土居分小菜	ナ
177	2011.9.23	兵庫	万善カブラ	カブ
178	2011.9.23	兵庫	備前黒皮	カボチャ
179	2011.9.23	兵庫	バナナカボチャ	
180	2011.9.23	兵庫	シソメン	木綿
181	2011.9.23	兵庫	備中茶綿	木綿
182	2011.10.9	東京	シコクムギ	大麦
183	2011.10.19	山梨	ホモロコシ	モロコシ
184	2011.10.19	山梨	ホモロコシ	モロコシ
185	2011.10.19	山梨	チョウセンベェ	シコクビエ
186	2011.10.19	山梨	ヘー	稗
187	2011.10.25	福島	黒いササギ	小豆
188	2011.11.5	沖縄	ヌービラ	ノビル
189	2011.11.6	沖縄	イネ	稲
190	2011.12.20	福島	モロコシ	モロコシ
191	2011.12.27	東京	拝島ネギ	ネギ

種子の履歴・由来　他
2011年栽培。穂曲がり。中川→増田→當山
2011年栽培。穂は直。中川→増田→當山
2011年栽培。穂あり。梁取徳雄→増田→土井
2011年栽培。穂あり。梁取→増田→土井
2011年栽培。穂あり。梁取純雄→梁取→増田→土井
2011年栽培。梁取→増田
2012年栽培。梁取→増田→船越
2012年栽培。梁取→増田→船越
2012年栽培。梁取→増田→船越
2012年栽培。秋、莢のまま浸し物に。梁取→増田→船越・豆白
2012年栽培。秋、莢のまま浸し物に。梁取→増田→船越・豆赤
2011年栽培。畑用。栽培は洋野町？西澤直行→増田→船越
2011年栽培。水田用。栽培は洋野町？西澤→増田→船越
2012年栽培。梁取→増田→船越
2012年栽培。梁取→増田→船越
増田がもらった。焙煎したハトムギ茶は降圧剤になる

No.	受入年月日	地域	現地の呼び名	標準名
192	2012.2.1	山梨	ホモロコシ	モロコシ
193	2012.2.1	山梨	ホモロコシ	モロコシ
194	2012.2.20	福島	アワ	粟
195	2012.2.20	福島	キミ	キビ
196	2012.2.20	福島	モロコシ	モロコシ
197	2012.2.20	福島	アマランサス	
198	2013.1.22	福島	アワ	粟
199	2013.1.22	福島	キミ	黍
200	2013.1.22	福島	モロコシ	モロコシ
201	2013.1.22	福島	アキササギ	インゲン
202	2013.1.22	福島	アキササギ	インゲン
203	2013.1.22	岩手	ヘー	稗
204	2013.1.22	岩手	ヘー	稗
205	2013.1.22	福島	ジュウネン	エゴマ
206	2013.1.22	福島	アオマメ	アオバタマメ
207		福島	ハトムギ	ハトムギ

【著者略歴】

増田昭子（ますだ・しょうこ）

福島県生まれ。早稲田大学教育学部社会科卒業。元立教大学文学部兼任講師。立教大学アジア地域研究所研究員。法政大学沖縄文化研究所国内研究員。

主な著書に、『粟と稗の食文化』（三弥井書店、1990年）『雑穀の社会史』（吉川弘文館、2001年）『雑穀を旅する』（吉川弘文館、2007年）、論文に「近代における雑穀の民俗誌」（『雑穀』青木書店、2003年）「雑穀の現在」（同前）「オトコメシ・オンナメシの発生」（『ジェンダー史叢書８生活と福祉』明石書店、2010年）「“書く女”への軌跡」（『暮らしの革命』農文協、2011年）など。

種子《たね》は万人のもの
在来作物を受け継ぐ人々

2013年３月25日　第１刷発行

著者　増田昭子

発行所　社団法人　農山漁村文化協会
〒107-8668　東京都港区赤坂７丁目６―１
電話　03（3585）1141（営業）　03（3585）1145（編集）
FAX.　03（3585）3668　振替　00120-3-144478
URL　http://www.ruralnet.or.jp/

ISBN 978-4-540-12205-7
〈検印廃止〉
DTP制作／池田編集事務所
印刷・製本／凸版印刷㈱